全国农业职业技能培训教材

科技下乡技术用书

全国水产技术推广总站 • 组织编写

"为渔民服务" 系列丛书

河蟹高效生态养殖新技术

陈焕根　主编

U0202183

海洋出版社

2017年 · 北京

图书在版编目（CIP）数据

河蟹高效生态养殖新技术/陈焕根主编. —北京：海洋出版社，2017.3
（为渔民服务系列丛书）
ISBN 978-7-5027-9731-7

Ⅰ.①河… Ⅱ.①陈… Ⅲ.①中华绒螯蟹–淡水养殖 Ⅳ.①S966.16

中国版本图书馆 CIP 数据核字（2017）第 037685 号

责任编辑：朱莉萍　杨　明
责任印制：赵麟苏

海洋出版社　出版发行

http://www.oceanpress.com.cn
北京市海淀区大慧寺路 8 号　邮编：100081
北京朝阳印刷厂有限责任公司印刷　新华书店发行所经销
2017 年 3 月第 1 版　2018 年 8 月北京第 2 次印刷
开本：787mm×1092mm　1/16　印张：12
字数：158 千字　定价：38.00 元
发行部：62132549　邮购部：68038093　总编室：62114335
海洋版图书印、装错误可随时退换

"为渔民服务" 系列丛书编委会

主　任：孙有恒

副主任：蒋宏斌　朱莉萍

主　编：朱莉萍　王虹人

编　委：(按姓氏笔画排序)

王　艳　　王雅妮　　毛洪顺　　毛栽华

孔令杰　　史建华　　包海岩　　任武成

刘　彤　　刘学光　　李同国　　张秋明

张镇海　　陈焕根　　范　伟　　金广海

周遵春　　孟和平　　赵志英　　贾　丽

柴　炎　　晏　宏　　黄丽莎　　黄　健

龚珞军　　符　云　　斯烈钢　　董济军

蒋　军　　蔡引伟　　潘　勇

《河蟹高效生态养殖新技术》编委会

主　编：陈焕根

编　委：陈焕根　张朝晖　费忠智　王桂民

　　　　黄春贵　王明宝　郭　闯　盖建军

　　　　张　敏　邹　勇

前　　言

　　近年来，国家为保护环境和食品安全，大力推行高效生态养殖，河蟹养殖已逐步从传统资源消耗型向环境友好型方向发展，从单一品种养殖模式向多品种综合生态养殖模式转变。在这种改革大背景下，蟹池生态综合养殖、稻田综合种养、零排放养殖、水质精准调控、微孔增氧等一批新技术、新模式、新装备正不断进行推广应用，产品质量和经济效益不断提升，生态高效养殖已日益成为河蟹养殖主流。

　　经各级渔业部门大力推广，高效生态养殖新技术有了一定程度普及应用，但目前仍有部分河蟹养殖户采用传统的单一粗放式养殖模式。生产管理中盲目投喂饲料、用药不规范、水质调控不科学等现象还屡见不鲜，导致了养殖产量低、产品品质差、经济效益低、养殖环境恶化，严重影响了河蟹产业的持续健康发展。

　　编者在总结多年河蟹科研、技术推广与生产实践的基础上，结合当前河蟹养殖的新技术、新模式、新装备应用情况，编写了此书。本书注重实用性和可操作性，使读者能通过本书在较短时间内掌握河蟹生态高效养殖新技术。

　　由于养殖生产的区域性和技术的时效性，书中难免存在疏漏和不足之处，敬请广大读者批评指正。

编　者

2016 年 12 月

目　录

第一章
河蟹养殖概述

河蟹是我国特产，学名为中华绒螯蟹（*Eriocheir sisensis*），又称螃蟹、大闸蟹和毛蟹等（图1.1）。分类学上隶属于节肢动物门、甲壳纲、十足目、方蟹科、弓腿蟹亚科、绒螯蟹属，是我国重要的淡水经济养殖品种。主要分布在中国东部各海域沿岸及通海的河流、湖泊中。

图1.1　河蟹

第一节　我国河蟹养殖生产发展历程

一、人工增养殖阶段

1969 年前，人们食用的河蟹依靠自然繁殖和生长，通过捕捞获得。1958 年后随着水利工程的建设，阻断河蟹洄游路线，产量逐年下降，据资料记载，江苏省 1956 年河蟹捕捞量为 6 000 多吨，1958 年后各湖泊出口处先后建闸，1959 年捕捞量降至 4 650 吨，1968 年捕捞量仅有 500 吨。为提高捕捞产量，我国水产科技工作者从 20 世纪 60 年代起就开始对河蟹苗种资源进行了调查研究，并在此基础上通过采集天然苗种在主要湖泊、河流等天然水域进行人工放流。1969 年在江苏省九大湖泊全面放流蟹苗获得成功，标志着我国河蟹生产从天然捕捞阶段进入到人工增殖与天然捕捞相结合阶段，接着上海、浙江、湖北、安徽、湖南等 20 个省市都开展人工放流，1980 年全国河蟹产量达 2 万吨，我国的河蟹业出现新的局面。

然而，好景不长。由于水利工程建设阻隔河蟹洄游通道和渔民在亲蟹洄游通道长江进行高强度捕捞，使能进入长江口繁殖的亲蟹数量大幅度减少，导致长江口天然蟹苗的资源在利用 10 余年后迅速下降。1974 年崇明岛捕捞蟹苗 1 150 千克，1981 年为 20 500 千克，但 1982 年仅捕获蟹苗 25 千克，1987 年也只有 50 千克，天然蟹苗资源几近绝迹。为保护河蟹资源，发展养殖生产，广大水产科技工作者积极探索河蟹人工繁殖技术，逐步取得突破。1971 年许步邵等在浙江平湖沿海，利用天然咸淡水池塘开展河蟹土池育苗，取得了人工海水池塘育苗的成功；1975 年赵乃刚等在安徽滁州，采用人工配制的咸淡水开展工厂化河蟹人工育苗，取得了成功，并获得了国家科技发明一等奖；1983 年江苏省水产科研工作者在江苏赣榆，利用对虾育苗设施，采用天然海水开展工厂化海水育苗，取得了成功。苗种繁殖技术的突破，为河蟹人工养殖提高苗种基础。

二、快速发展阶段

20 世纪 90 年代初，一方面，随着人民生活水平的不断提高和国际贸易的发展，市场对河蟹的需求量越来越大。另一方面，由于河蟹养殖投资少，见效快，经济效益高，吸引了大批资金雄厚的企业和个人加入河蟹养殖产业。再加上河蟹人工繁殖技术获得成功及养殖技术推广应用，极大地促进了我国河蟹养殖业的迅速发展，全国许多省、市都掀起了河蟹养殖的热潮，特别是江淮流域等省份的河蟹养殖的发展更是迅速。全国河蟹养殖产量 1998 年就达 12 万吨，2000 年已达 20 万吨，产值 120 亿～150 亿元；2001 年达 23 万吨，2014 年达 73 万吨，产值 460 亿元左右。期间经历了 3 个比较具有代表性的时期：

1. 天然蟹种养殖期（1988—1990 年）

河蟹人工养殖的初期，成蟹养殖生产的蟹种以长江等天然水域捕捞的蟹种为主，其特点是：成活率高、单价高、效益高。但由于天然蟹种资源的不断减少，一定程度上制约了养殖产业的发展，养殖规模相对较小。

2. 天然捕捞蟹种与人工养殖蟹种混合期（1991—1993 年）

此期间，随着河蟹养殖面积扩大，蟹种需求量增加，天然蟹种资源量远远不能满足养殖需求，北方苗种培育技术相对成熟，蟹种产量较高，江苏、安徽等省成蟹养殖面积大，蟹种供不应求，大量辽蟹南下，但长途运输及北方培育的蟹种对南方气候的不适应，苗种质量不稳定，造成了养殖成活率低、性成熟早，病害频发，养成规格小，养殖效益较差。

3. 成蟹豆蟹养殖兴起 （1994—2001 年）

由于辽蟹南下养殖成活率低、性成熟早等因素，造成养殖产量低、规格小、效益低下。江苏、安徽等河蟹主要产区为了改变这种不利局面，解决南方苗种短缺问题，形成了利用当年工厂化早繁蟹苗，通过大棚强化培养成 2 000~4 000 只/千克蟹种（因大小如豆俗称豆蟹），实行当年养成。但是由于养成的成蟹规格小、养殖效益一般，同时病害爆发，严重影响了养殖产业的发展。具有代表性的病害是颤抖病，该病 1997 年后呈大规模流行，1998—1999 年前后为发病高峰期，每年 3—11 月为主要发病季节，发病严重地区发病率高达 90%，死亡率超过 70%，养殖户"谈抖色变"，对河蟹养殖业危害巨大，从而迫使水产科学工作者改革养殖技术，探索新的养殖模式，推动了生态养殖河蟹的发展。

三、高效生态养殖阶段

随着河蟹养殖规模扩大和产量的提高，老百姓的吃蟹难、吃蟹贵的问题基本得到解决。但是在河蟹养殖业快速发展同时，苗种质量、病害增多等诸多问题日益突出，对河蟹产业发展产生了一定的制约。为了解决这些问题，自 2002 年开始，各级渔业主管部门和有关单位大力宣传和推广生态养殖技术，我国河蟹养殖产业进入一个新的发展阶段——高效生态养殖阶段。河蟹养殖重点产区江苏省在全国率先采用以"种草放螺，放养大规格蟹种、降低放养密度"等为关键技术的河蟹生态养殖技术，这些技术措施的核心就是保持蟹池的生态平衡，维持良好水质，减少河蟹应激反应，控制病害发生，提高河蟹成活率和生长速度，取得较好的经济和生态效益。在生态养殖基础上，江苏省各地区又结合当地实际情况，先后创立了"金坛模式"、"兴化模式"、"高淳模式"、"苏州模式"等一大批河蟹高效生态养殖模式，推广应用"微孔增氧技术"、"水质精准调控技术"、"病害生态防控技术"等一批新装备、新技术。各级渔业主管部门和财政部门,加大财政资金投入力度,开展规模化推广应用,河蟹养殖的规格、产量、水体综合利用率、经济效益得到了大幅度提高,使我国河蟹养殖业走上可持续发展的道路,养殖户的效益明显提高。江苏省南京市高淳区池塘生态养蟹亩均效益已超过 5 000 元,常州市金坛区涌现出一大批亩效益超过 10 000 元的养殖户,少数养殖户亩效益达 20 000 元以上。到 2014 年,全国河蟹产量达 72.99 万吨,产值 460 亿元,我国河蟹养殖产业进入了高效生态养殖的新阶段。

第二节　河蟹养殖产业发展现状与存在问题

一、我国河蟹养殖产业发展现状

河蟹是我国特有的名特优和出口创汇水产品,经过三十余年的发展,河蟹养殖业已成为我国独具特色的淡水渔业支柱产业之一。河蟹养殖遍及全国许多省、市、自治区,特别是长江流域等省市的河蟹养殖的发展更是迅速。2014 年,全国河蟹养殖面积达 1 500 万亩①以上,养殖区域涉及全国 30 余个省、市、自治区,产量 72.99 万吨,产值 460 亿元。

近几年来,随着科技进步,在市场需求和经济效益的推动下,河蟹养殖正在向大规格生态养殖技术模式过渡,由单一的养殖向综合养殖发展,形成了"金坛模式"、"小精高家庭养殖模式"、"兴化模式"、"高淳模式"、"苏州模式"、"盘山模式"、"盘锦模式"等一大批蟹池综合高效生态养殖模式,蟹池综合利用水平不断提高,产量和经济效益逐年提升,而且大规格优质蟹

---

① 亩:为非法定计量单位,1 亩≈666.67 平方米。

所占比例越来越高，初步形成了河蟹生态养殖技术体系，为河蟹产业持续健康发展起到了巨大的推动作用。在生产组织形式上正在由分散零星养殖向规模化集约养殖过渡，全国大部分主产区都已形成以河蟹品牌为的养殖联合体，如我国河蟹养殖大省——江苏省创建"江苏省泓膏集团"、"苏州市相城区国家现代农业产业园"、"南京高淳青松公司"等一批龙头企业，组建一大批合作社，具有中国驰名商标 3 个，省级以上名牌产品 20 个以上。

经过多年的发展和进步，河蟹养殖技术和养殖模式在各地不断取得创新，表现在以下几个方面：一是养殖方式的多样化。形成了池塘养蟹、网围养蟹、稻田养蟹、河沟养蟹等多种养殖方式，因地制宜，形式多样，扩大了河蟹养殖生产内涵和发展空间。二是养殖技术的系列化。形成了苗种规模化繁育技术、大规格优质蟹种培育技术、河蟹生态高效技术等养殖生产技术体系，河蟹养殖技术体系不断得到充实完善，形成系列化饲料产品。三是河蟹饲料营养研究不断取得突破，加工工艺日臻完善形成系列化饲料产品。四是新品种选育成果斐然，选育了"长江 1 号"、"长江 2 号"、"江海 21 号"等优良品种。一个完整产业河蟹产业体系已形成，有力推动着河蟹养殖向着规模化、产业化方向发展。

二、存在的主要问题

随着生产规模的进一步扩大，单位产量的提高，生产管理不规范，在河蟹养殖过程中出现了养殖环境恶化、产量相对过剩、发展不平衡、良种使用率低、生态养殖技术推广应用率不高等问题，严重影响了河蟹产业的持续稳定发展。

1. 养殖环境日趋恶化，养殖空间不断受到挤压

近些年，工业"三废"和农药等污染越来越严重，城镇化、工业化进程

加快，养殖环境日趋恶化，养殖空间不断受到挤压，宜养区域越来越少。

2. 产品结构性过剩显现，优质蟹供不应求

随着养殖面积扩大和技术不断提高，单位产量逐步增加，河蟹总产量不断增加，加之河蟹被贴上"奢侈品"标签，品质一般的河蟹将会出现结构性过剩的局面。导致品质一般的河蟹出现了"卖蟹难"，而真正的优质蟹，特别是达到出口标准的优质蟹，不但价格高，而且供不应求。

3. 良种覆盖率较低

尽管有关单位选育了一批优良品种，但由于亲本价格相对较高，育苗单位应用积极性不高。目前生产中良种应用的覆盖率不足10%，大部分养殖户使用的蟹种是没有经过选育的亲蟹繁育的子代，种质退化严重，生产表现为：生长速度慢，抗病力不强，养殖成活率低。

4. 河蟹养殖关键技术经验化

对水草栽种与管理、水质调控等关键技术技术研究不够深入，没有建立科学数据模型，养殖生产管理主要还是凭经验，生产经营的稳定性差。

5. 饲料营养研究与推广应用不到位

河蟹营养需求研究不深，饲料系数相对偏高，颗粒饲料推广力度不大，使用率偏低，大部分地区仍然以小杂鱼和植物原料为主要饵料，饲料转化率低，养殖成本居高不下，养殖环境压力较大。

6. 蟹池水体利用率低，放养结构不合理

大都以河蟹单一品种养殖为主，产量低、风险大，亟待开展以河蟹为主

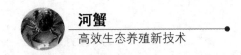

的多品种主养模式研究，优化放养模式，稳定蟹池生态系统，提高物质能量转化效率和水体综合利用水平，降低养殖成本，保护渔业生态环境，增加河蟹的经济效益，提高河蟹养殖业抗风险能力。

7. 信息化水平较低

在生产、流通、销售等方面信息化应用程度低，目前仅在产品销售上开展了一些信息化工作，如电商销售，但在养殖生产、管理、管理等方面信息化应用水平较低，生产效率低、劳动强度大。

8. 组织化、专业化程度不高

大多数养殖户还是处于"游兵散勇"状态，以小规模养殖为主，养殖新技术推广、质量安全管理、品牌运行与管理等难度大，新技术转化率较低，新技术推广速度慢，养殖效益提升困难，产品附加值低。

9. 品牌内涵、价值认识有待提高

企业在品牌运作上，重申报，轻维护、使用，将"商标"等同于品牌，品牌附加值开发应用不足，品牌维护力度不强。

10. 个性化产品开发不足

海外市场开拓不够，出口市场狭窄，出口量小；个性化产品研究不够，如江浙沪市场需求量较大的"六月黄"、欧美市场需求量大的"软壳蟹"等产品的生产技术研究不够。加工产品极少，加工工艺落后。河蟹销售时间集中，价格波动大，养殖效益不稳定。

三、发展的方向

随着河蟹产业的快速发展，各种新问题不断涌现，特别是各种自然灾害

的不断发生，对河蟹养殖业的负面影响逐步加大。要保持我国河蟹健康稳定发展，首先政府必须加强科研的资金支持力度，不断提升河蟹产业技术水平；其次，围绕河蟹产业链中的河蟹育苗、蟹种培育和成蟹养殖这三个关键环节，开展系统的试验研究工作，切实提高高效生态养殖技术水平，为我国河蟹产业的可持续发展提供了技术支撑和保证，推动我国河蟹产业的健康可持续发展。

1. 科学布局，做强做大河蟹产业

通过规划引导，推动河蟹生产向优势产区集中，向"专、精、优、强"方向发展。降低生产成本，提高产品质量，扩大市场，使河蟹生产集聚化、专业化和链条化。

（1）集聚化

形成沿海蟹苗繁育产业带，沿江、沿湖和里下河地区蟹种、成蟹养殖区的格局。

（2）专业化

依靠龙头企业、合作经济组织、行业协会等市场竞争主体的带动，细化产业分工，专业化生产，公司化运作。

（3）链条化

引导河蟹生产从单一的产中环节，扩展到产前、产中、产后等各个环节，从单一的养殖，扩展到加工、储藏、包装、运输、育种、服务等多个门类，使河蟹产业实现了多环节、多层次增值，逐步达到自我积累、自我发展的目标。

2. 推行生态化养殖，实现可持续发展

实行"大环境保护，小生态修复"，全面推广应用河蟹生态健康养殖模

式。强化长江口河蟹苗种资源的监测与保护，严格控制捕捞强度，促进了天然苗种资源的恢复与增长；加强对湖泊、池塘等河蟹养殖重点水域进行监测，湖泊实施网围养殖综合整治，优化放养结构，压缩网围养殖面积，防范水域生态环境污染；实施池塘循环水工程和养殖生态环境修复示范工程，规范投入品管理，推广生态高效养殖技术，改善和保护河蟹养殖水域生态环境。

3. 加强科技创新，支撑产业发展

建立健全河蟹科技创新体系。通过技术创新和集成，开展河蟹品种选育、模式创新、病害防控、药物饲料、产品深加工等相关技术的研发，从各个环节寻求技术突破与技术升级。加快科技成果转化应用，提高水体利用率和产出率。

加强基础理论研究，进一步开展河蟹生物学研究，在此基础上构建符合河蟹生长要求的生态环境（蟹池构造，水草品种、结构、平面立体分布，水质质量等）；加强水质调控技术研究，使水质调控更加精准化、科学化；加强良种培育与示范推广，提高良种覆盖率；加强饲料营养与投喂技术研究，提高河蟹饲料利用率；加强河蟹病害研究，摸清主要病害的发病和药物分子机理，开展生态防控技术研究建立生态防病技术体系。开展蟹池多品种养殖模式研究，优化养殖模式，稳定蟹池养殖生态系统，提高蟹池水体综合利用水平，增加蟹池产出，降低养殖风险。

4. 加强质量控制，实现标准化生产

广泛宣传健康生态养殖和标准化生产理念与技术推广，更新从业者的养殖理念，转变养殖方式，实现河蟹生产从"量"到"质"的转变；坚持源头管理和强化过程控制，加强投入品市场监管，推行投入品塘口记录和用药处方制度，强化投入品使用的监管；加强河蟹质量监测，建设水产品质量安全

监测检测体系；推行实施"依标生产、基地准出、市场准入"制度，把各项标准贯穿于河蟹生产、加工、流通全过程，真正实现全程质量控制。

5. 提高组织化程度，推广技术保质稳效

支持河蟹养殖大户、市场经纪人，牵头领办专业合作社，在质量安全标准和生产技术规程、投入品采购供应、产品和基地认证认定、品牌建设与市场销售等方面统一运作，提高产业组织化程度，提高养殖技术和投入品管理水平，确保产品质量，增产稳效。

鼓励合作社向渔需物资供应、成果推广、加工运销一体化方向发展。充分发挥其人才、资本、市场等优势，构建"一主多元"推广模式，丰富和完善技术服务方式；对规模较大的河蟹养殖企业，通过公司制、股份制改造，优化资本结构，构建人才队伍，引入现代企业管理机制，培育一批国家级和省级龙头企业。条件成熟后，协助企业进入资本市场，争取一部分龙头企业上市。

6. 强化品牌建设，提升产品附加值

实施品牌化发展战略，以品牌规范生产、开拓市场，加强品牌注册、品牌整合、品牌战略实施、品牌价值评估和名牌带动推进等工作。通过展示、展销等活动，利用电视、广播、报纸、网络等媒体，推介、宣传品牌，扩大产品知名度，将品牌优势转变为市场优势，以品牌提升效益。改变"重创建，轻维护，重宣传，轻维权"的格局，探索品牌使用与管理模式。

7. 提高信息化水平，促进产业转型升级

在河蟹重点产区推动信息服务点建设，通过手机微信、短信、电视电话和互联网等媒介，及时向渔农民发布产业政策、供求信息、防病治病技术、

市场价格等方面的信息，提高渔农民信息化知识的应用水平。

　　大力发展精准蟹业、感知蟹业、智慧蟹业，在规模化河蟹生产基地开展物联网技术的示范应用，建立健全河蟹可追溯系统。不断加强流通领域的信息化建设与改造，扶持建设了一批跨区域、专业化的河蟹交易市场、网站和平台。大力发展河蟹产业物流，开拓连锁经营、配送销售、网上交易等，推动河蟹营销方式由传统模式向电子化方向发展。

第二章
河蟹生物学特性

第一节　形态与分布

一、河蟹的形态结构

1. 外部形态

河蟹，学名中华绒螯蟹（*Eriocheir sisensis* H.）（图 2.1），俗称为螃蟹、毛蟹，属节肢动物门、甲壳纲、十足目、方蟹科、绒螯蟹属，是我国传统的名优水产品之一。河蟹风味独特、营养丰富，可以做成精美的菜肴，素有"河蟹上席百味淡"之说。

河蟹由头胸、腹部、胸足三部组成，因进化演变的缘故，河蟹的头部和胸部愈合，形成头胸部，是蟹体的主要部分。头胸部由背腹两块硬甲所包被，背甲又称头胸甲，俗称蟹斗；腹甲，俗称蟹肚。背甲一般呈墨绿色，但有时也呈褐色，这是河蟹对生活环境颜色的一种适应性调节，也是一种自我保护。背甲中央隆起，表面起伏不平，形成 6 个与内脏相对应的区域，可分为胃区、

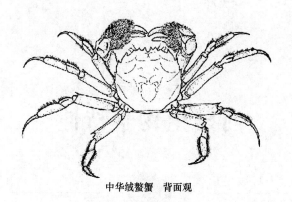

中华绒螯蟹 背面观

图 2.1 中华绒螯蟹简图

心区、左右肝区和左右鳃区等。在胃区前面有 3 对疣状突起，呈品字形排列，前面 1 对向前凸似小山状，后面中间 1 对明显。背甲的前缘比较平直，有 4 个齿突，称为额齿，额齿间的凹陷，以中央的 1 个最深，其底端与后缘中点间的连线长度，可以表示体长。背甲前端折于头胸部之下，有肝区、颊区和口前部之分。前端两侧眼眶中生有 1 对具柄的复眼，复眼内侧有 2 对附肢，分别为第 1 和第 2 触角。头胸部的腹面为腹甲所包被，腹甲通常呈灰白色，其中央有一凹陷的腹甲沟，两侧由对称的 7 节胸板组成，前 3 节愈合。河蟹的生殖孔则开口在腹甲上，雌性生殖孔位于第 5 节，雄性则位于最末端的第 7 节。河蟹的腹部共分 7 节，俗称蟹脐，已退化成一层薄片，弯向前下方，紧贴在头胸部之下。腹部的形状，在幼蟹阶段，无论雌雄均为狭长形。在成长过程中，雄蟹形状已变成为狭长形，雌蟹则渐渐变成圆形。所以人们习惯上把雄蟹的腹部称为尖脐，雌蟹的腹部称为圆脐，这是区别成蟹的最显著、简便的标志。河蟹具有 5 对胸足，对称伸展于头胸部的两侧。所有的胸足均可分为 7 节，各节分别称为底节、基节、座节、长节、腕节、掌节和趾节。第 1 对胸足已演化为螯足，后 4 对为步足。螯足强大，呈钳状，掌部密生绒毛，成熟雄蟹尤甚。螯足具捕食、掘穴和防御的功能，而其他 4 步足则具有爬行、游泳和掘穴的功能。

2. 内部结构

河蟹体内具有下列器官：

（1）消化系统

包括口、食道、胃、中肠、后肠和肛门。口位于额区下沿中部，有 1 对大颚、2 对小颚和 3 对颚足层叠而成一套复杂的口器。食道短且直，末端通入膨大的胃。胃的结构，外观为三角形的囊状物，可分贲门胃和幽门胃两部分。中肠之后为后肠，较长，末端为肛门。肝胰脏是河蟹重要的消化腺，呈橘黄色，富含脂肪，味道鲜嫩（俗称蟹黄）。它分为左右两叶，由众多细枝状的盲管组成，有 1 对肝管通入中肠，输送消化液。

（2）呼吸系统

河蟹的鳃位于头胸部两侧的鳃腔内，呈灰白色，共有 6 对海绵状鳃片。鳃腔通过入水孔和出水孔与外界相通。

（3）循环系统

心脏位于背甲之下，头胸部中央，呈肌肉质，略呈长六角形，俗称"六角虫"。心脏外包一层围心腔壁，并有系带与腔壁相连。从心脏发出的动脉共有 7 条，其中 5 条向前，2 条向后，分别是 1 条前大动脉，2 条头侧动脉，2 条肝动脉及 1 条胸动脉、1 条后大动脉。河蟹的血液无色，仅由淋巴和吞噬细胞（即血细胞）组成，而血清素则溶解在淋巴液内。

（4）神经系统

河蟹具有两个中枢神经系统：脑神经节发出触角神经、眼神经、皮膜神经等，并通过内脏器官；胸神经节向两侧发出神经分布到 5 对胸足、向后发出到腹部，为腹神经，分裂为众多分支，故其腹部感觉尤其灵敏。

（5）感觉器官

河蟹有 1 对复眼，每一个复眼由许多只小眼组成，其视力相当好。复眼有眼柄，既可直立，又可横卧，活动自如。此外，河蟹有平衡器的感觉毛，平衡器能校正身体的位置。身体和附肢上的刚毛也有触觉功能。

（6）生殖系统

性腺位于背甲之下，雌雄生殖器官包括卵巢及输卵管两部分，分左右相连的两叶，呈"H"形，成熟的卵巢呈酱紫色，非常发达。输卵管很短，末梢各附一纳精囊，开口于腹甲上的雌孔。交配后纳精囊内充满精液，膨大成乳白色球状。精巢乳白色，左右两个，下方各有一条输精管相连接。输精管后端粗大，肌肉发达，称射精管，射精管在三角膜的下内侧与副性腺汇合，汇合后的一段管径显著变细，穿过肌肉，开口于腹甲第 7 节的皮膜突起，称阴茎，长约 0.5 厘米。副性腺为分枝状盲管，分泌物黏稠，乳白色。它是河蟹最可口部分，人们通常说的"蟹黄"就是卵巢与肝胰脏的统称。雄蟹的精巢、射精管、输精管和副性腺，即为人们通常所说的"蟹膏"，也是河蟹的精华部分。

（7）排泄系统

河蟹的排泄器官为触角腺，又称绿腺，为 1 对卵圆形囊状物，在胃的上方，开口于第 2 触角的基部，由海绵组织的腺体和囊状的膀胱组成。

二、河蟹的自然分布

河蟹分布很广。在国外，除朝鲜黄海沿岸外，整个欧洲北部平原几乎均有分布，分布范围包括德国、荷兰、比利时、法国、英国、丹麦、瑞典、挪威、芬兰、俄罗斯、波兰、捷克等国家，分布中心在易北河与威悉河流域。河蟹在欧洲的分布范围从 19 世纪开始逐步扩大，由于其繁殖力强，种群扩展速度较快。目前除欧洲外，近年来北美洲也发现了河蟹，由于气候、环境等条件较适宜河蟹生长，因此北美洲有可能会形成较大规模的河蟹种群。我国的渤海、黄海及东海沿海诸省市均有河蟹分布，但以长江口的上海崇明岛至湖北省东部的长江流域及江苏、浙江、安徽和辽宁等省市为主产区。

第二节　河蟹生物学特征

一、食性

河蟹为杂食性动物，食性较广，但偏好动物性饵料。常见的河蟹动物性饵料有鱼、虾、螺、蚌等；植物性饵料包括豆饼、玉米、蚕豆和小麦等谷类，山芋、南瓜等瓜类，轮叶黑藻、金鱼藻、伊乐藻、菹草、马来眼子菜、苦草、浮萍、凤眼莲、水花生等水草类；河蟹在 25~28℃时摄食量最大，生长速度最快。临近性成熟时不仅夜晚出来觅食，有时白天也出来觅食。河蟹吃饱后，除自身消耗外，其余的营养物质都储存在肝脏内形成蟹黄。河蟹非常耐饥，健壮的蟹 10 天或更长的时间不食也能存活。水温在 5℃以下，河蟹的代谢水平很低，摄食强度减弱或不摄食，在穴中蛰伏越冬。

二、栖息

自然状况下河蟹通常栖居江河湖泊岸边和水草丛生的地方。在水位稳定、水面开阔、水质良好、水温适宜的水域里，一般是不打洞的。每只蟹均有相对固定的栖息场所。在水位不稳定的水域里会打洞穴居，穴居常位于高低潮水位之间，其洞呈管状，与地平线呈10°左右的倾斜，洞的深处有少量积水，洞底不与外界相通。穴道长 20~80 厘米。大蟹通常一蟹一穴，有时在连通的蟹道里也有穴居几只蟹，仔蟹和扣蟹一穴几只或数只。环境水温长时间处于 32℃以上，河蟹会在穴中蛰伏避暑。河蟹通常昼伏夜出，白天隐蔽，夜晚出来觅食。

三、好斗

争食与好斗是河蟹的天性，经常为争夺食物而互相格斗，在密度大、饵料少时还会互相残杀，特别在脱壳期，硬壳蟹会攻击软壳蟹。在交配产卵季节，几只雄蟹为了争一只雌蟹而格斗，直至最强的雄蟹夺得与雌蟹交配权为止。食物十分缺乏时，抱卵蟹常取其自身腹部的卵来充饥。为避免和减少格斗，在人工养殖时应采取：饵料多点、均匀投喂，动物性和植物性饵料要科学搭配；对刚蜕壳的"软壳蟹"要加以保护（如采取增加作为隐蔽物的水草数量、投饵区应与蜕壳区分开等措施），蜕壳期间应增加动物性饵料投喂，减少同类互相残杀（河蟹偏爱动物性饲料），提高养殖成活率。

四、自切与再生

捕捉河蟹时，若只抓住 1~2 只步足，它能将其步足撑脱而逃生，生长期很快在原处再生新足，但新足明显小于原来的步足，这就是自切和再生的结果，这是河蟹为适应自然环境而长期形成的一种保护性本能。河蟹在整个生命过程中均有自切现象，但再生现象只有在生长蜕壳阶段存在，成熟蜕壳后，河蟹的再生功能基本消失。

第三节　生长与脱壳

一、河蟹的生长

河蟹的生长速度受环境条件的影响很大，特别是受饵料、水温和水质等因子的制约。河蟹生活在水质良好、水温适宜，饵料丰富水域环境中，河蟹蜕壳次数就多，且每次蜕壳增肉倍数高，河蟹生长迅速，成活率高，个体大，群体产量高。如环境条件不良，蜕壳次数减少，且每次蜕壳增肉倍数小，性早熟比例增加，养成个体也小。因此，在自然界，同一年龄的个体大小相差甚远。例如长江水系的河蟹，幼蟹一般当年可长到 3~15 克，少数可达 100~125 克（在密度稀、环境条件好、食物丰富的情况下）并可参加生殖洄游；而营养不良或密养条件下，幼蟹生长缓慢，甚至形成"懒蟹"（1 千克达几百只到几千只）。此外，在河蟹产卵场附近的幼蟹，受盐度、温度的影响，生长缓慢，宜性早熟。不过，河蟹有明显的生长期，在翌年的 6—10 月生长最快，其体重呈指数上升。

二、河蟹的蜕壳

河蟹的生长过程总是伴随着蜕皮（幼体）或蜕壳而进行的。河蟹蜕壳有以下特点：河蟹蜕壳要求浅水、弱光、安静和水质清新的环境，通常在水面下 5~20 厘米处蜕壳（这一特性要求在构建蟹池生态环境时要做到池塘有较大坡比，栽种一定数量的水草），一般在半夜至清晨时脱壳，黎明是高峰期，地点以浅水区或水草上为主。蜕壳前河蟹体色深，蟹壳呈黄褐色或黑褐色，腹甲水锈多，步足硬；蜕壳后的河蟹体色淡，腹甲白，无水锈，步足软。河蟹在蜕壳时以及蜕壳完成前不摄食，每次蜕壳后 1.0~1.5 小时，是其生命过程中最脆弱的时刻，此时河蟹活动能力差，抵御敌害的能力差。蜕壳后体内吸收大量水分，因而蜕壳后体重明显增加。河蟹的蜕壳与营养、水温密切有关，除了生长所必需的营养物质（包括钙和磷）和合适水温外，蜕壳素起重要作用。在正常情况下，河蟹一生蜕壳超过 18 次，成蟹养殖阶段脱壳 5 次左右。

三、年龄与寿命

河蟹的年龄至今还无一种可以测定的方法，但通过河蟹生长的形态、性成熟情况、生殖洄游的时间和交配后河蟹死亡等现象的分析，可以判断河蟹的年龄和寿命。在自然情况下，长江流域生活的河蟹，6月上旬长江口蟹苗上溯，进入草型湖泊后，第一年生长成幼蟹（扣蟹），翌年9月完成最后一次的成熟蜕壳，10月开始生殖洄游，返回河口浅海处进行交配产卵，到第三年3月上旬前完成。交配后，雄蟹陆续死亡，抱卵雌蟹在完成孵化放散幼体后也陆续死亡。因此，长江流域的河蟹寿命约为2年。如再精确一些，雄蟹的寿命为21~23个月，雌蟹的寿命为23~25个月（图2.2）。也有少量河蟹因生活环境差（如生活在无水草的河沟或盐度为4以上的咸淡水水体等环境中），当年性腺发育成熟，其个体仅10~35克，俗称"小绿蟹"，它们也会进行生殖洄游。这批小绿蟹的寿命仅10~11个月。

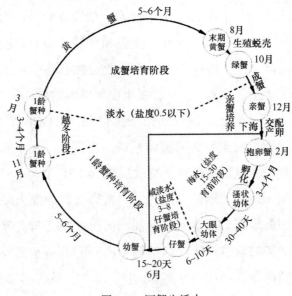

图2.2 河蟹生活史

20世纪90年代中期，为解决蟹种短缺的问题，苏、皖部分地区采用温室加温提早繁殖蟹苗（2—4月已繁育出大眼幼体），大眼幼体再采用塑料大棚提温强化培育成 V 期幼蟹（俗称豆蟹），用培育的 V 期幼蟹当年养成成蟹，实行当年养成。当年绝大部分河蟹性腺发育成熟，并参与繁殖，其寿命为 12~14 个月。

蟹苗或仔蟹、幼蟹在人工养殖条件下，如果饵料营养不足（如仅以植物性饵料和水草为主）或生长的有效积温低，河蟹的生长速度就会放慢，蜕壳间隔时间就会延长。

辽河水系河蟹在当地饲养，大部分河蟹的寿命还是 2 年，少数 3 年；而移植到黑龙江、新疆等高寒地区的河蟹，则大部分的寿命为 3 年，少数甚至可延长到 4 年。

第三章
大规格优质蟹种培育技术

蟹种是河蟹养殖的基础，大规格优质蟹种是成蟹养殖成功的关键。目前，蟹种培育主要采用二种方式：一是池塘蟹种培育，二是稻田蟹种培育。

第一节　池塘蟹种培育技术

一、培育池条件

1. 培育池大小与结构

蟹种培育池应选择靠近水源，水量充沛，水质清新，无污染，进排水方便，交通便利的土池，底质以黏壤土为宜。使用前要除去过多淤泥，保持淤泥5~10厘米。培育池大小不限，通常是：面积1~3亩，形状为东西向长，南北向短的长方形，长宽比1：3~5，宽度不超过30米，池塘埂坡比1：2.5~3.0，池深1.0~1.2米。一般在池内离池埂2米外开挖宽1.5~2.0米宽的环形沟，沟深0.7~0.8米，也可不开沟。尽可能增加培育池的池埂周长，满足蟹种沿岸栖息习性，宜取得高产（图 3.1）。

图 3.1　标准化池塘蟹种培育池

2. 配套设施

塘埂四周用 60 厘米高的钙塑板、铝板、石棉板，玻璃钢、白铁皮、尼龙薄膜等材料围成一圈，作防逃设施，并以木、竹桩等作防逃设施的支撑物。如有条件可在池塘四周用网或竹片围一圈。电力、排灌机械等基础设施配套齐全。高产塘口需按 0.15~0.2 千瓦/亩动力配备微孔增氧设施。基建及防逃设施的工作在每年 4 月之前完成。

二、放养前准备

1. 清塘消毒

蟹苗个体小，抵御敌害能力差，因此蟹种培育池必须进行彻底的清塘消毒。具体操作方法为：当年 4 月上旬，在防逃设施安装后，加水至最大水位，然后采用密网拉网除野，同时采用地笼捕灭敌害生物。如池中有小龙虾，使用敌杀死杀灭小龙虾，一周后彻底排干池水。4 月下旬重新向池内注入新水

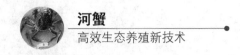

20 厘米，每亩使用生石灰 150 千克或漂白粉 25~50 千克彻底消毒，消毒后如发现有青蛙、蟾蜍等敌害生物没有杀死，要组织人员进行人工捕杀。

2. 水草栽种

蟹苗下塘时必须有一定水草覆盖率，供蟹苗栖息。为保证水草覆盖率，消毒后，放苗前 1 个月就要栽种水草，保证蟹苗下塘时要有一定的覆盖率，满足蟹苗栖息要求。水草以水花生为主，沉水性水草为辅，水花生占水草的 70%~80%，沉水性水草占 20%~30%，沉水性以伊乐藻为主。有环沟的培育池，伊乐藻栽种在沟中，水花生栽种在坂田上。先将水加至坂田上 15~20 厘米，在坂田上栽种水花生，3 天后慢慢将水位降低，2 天降到沟中留有 30 厘米左右，在沟中栽种伊乐藻。没有环沟的蟹种池，将水加至 30 厘米左右，栽种水草，伊乐藻栽种在深水区，水花生种在浅水处。水草下塘前一定要消毒处理，防止带入敌害生物。

3. 施肥培水

蟹苗放养前应对培育池进行施肥培水，为蟹苗培育适口的生物饵料。具体操作为：在放苗前 7~10 天，用 80 目筛绢网过滤进水 10 厘米，以防敌害生物进入。加水后即可进行施肥培水，如是老塘口，塘底较肥，每亩用复合肥 2.0~2.5 千克或生物肥料 15~20 千克兑水全池泼洒。如是新开挖塘口，则每亩另加尿素 0.5 千克，或每亩施经腐熟发酵后的有机肥（牛粪、猪粪、鸡粪等）150~250 千克。放苗前 3~5 天，用 80 目筛绢网过滤加注新水，使培育池水深达 30~40 厘米，透明度控制在 20~25 厘米。如肥度不够，可增施生物肥料 2.5~5.0 千克/亩；施肥后，有增氧机的塘口，应开启增氧机，提高水体溶解氧，加快有机物分解。

4. 解毒

苗种放养前 2 天，可根据使用消毒清塘药物的不同，选用不同的解毒剂进行解毒。使用卤素类（漂白粉、二氧化氯、强氯精等）消毒清塘的塘口，需要用硫代硫酸钠解毒；使用生石灰、茶籽饼、重金属类（硫酸铜、硫酸锌）消毒的，需用使用有机酸、Vc、Vb 解毒；使用有机磷（敌百虫）、菊酯类（敌杀死、速灭杀丁）的，使用生石灰解毒。

5. 增氧、防应激反应处理

放苗前 2 小时或放苗时全池泼洒 Vc、多糖溶液或抗应激反应的制剂（用量按产品说明书执行），帮助蟹苗恢复体力，适应新环境，减缓蟹苗的应激反应，提高成活率。有增氧机的培育池，应在放苗前 24 小时开启增氧机，保证蟹苗下塘时培育池溶解氧充足。

三、苗种选择与运输

1. 蟹苗选择

大眼幼体（俗称蟹苗）质量是影响蟹种培育成活率的关键因素。优良的大眼幼体首先种质要纯正、优良，为长江水系的中华绒螯蟹，最好是经过选育的良种如"长江 1 号"河蟹、"长江 2 号"、"江海 21 号"河蟹。首先，亲本个体要大，作为亲本的公蟹个体重量应在 175 克以上，母蟹在 125 克以上。其次，苗种质量好，质量把控总的来讲应做到"四看"：一看蟹苗个体大小是否一致，大小均匀、个体规格在 14 万~16 万只/千克为上等苗，小于此规格的苗为差苗；二看蟹苗体色是否一致，体色一致呈姜黄色，体表干净且有光泽者为上等苗（图 3.2），颜色不一致或体色透明发白、发黑者为差苗；三

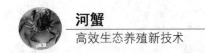

看蟹苗活动能力，用手抓取一把轻捏、甩干后放开，能迅速散开者为佳，散开慢者为差；四看日龄和淡化程度，工厂化繁育的蟹苗6~7日龄，土池培育的蟹苗在8~9日龄，盐度必须淡化到2以内，且保持24小时以上。蟹苗抓到手中有轻微刺手感觉为佳，如抓到手中有发软，说明日龄过长或过短，不能拿。同时还要注意蟹苗出池温度与自己培育池水温之差应控制在3℃以内。

图 3.2　优质蟹苗

2. 8 种苗不能购买

（1）低日龄苗

苗种淡化时间短，变态为大眼幼体仅仅在4~5天，淡化不到位，苗体发软，活力不够，抗劣性差，运输、下塘成活率低，不能购买。

（2）海水苗

淡化不到位，育苗池盐度在3以上，苗体发黑，直接进入淡水成活率低，不能购买。

（3）花色苗

蟹苗的颜色五花八门，有黑色、白色、花白等，个体大小不一，要么是育苗过程中不顺利，要么是将多个育苗池的剩余苗"并池"的苗，成活率低，不能购买。

（4）药害苗

如发现育苗池中蟹苗数量少而不整齐，说明蟹苗繁育过程不顺利，可能发生过病害，这种苗一般成活率低，不能购买。

（5）高温苗

工厂化育苗，有些育苗单位，为了降低生产成本，人为提高育苗水温（25℃以上），缩短育苗周期，这种苗适应性差。目前生产中绝大部分采用土池育苗方法，"高温苗"基本没有。

（6）老苗

大眼幼体淡化时间超过 10 天，池中已出现批量 I 期幼蟹，这种蟹苗大部分处于变态状态，运输成活率低，特别是路途较远的养殖户更是不能购买。

（7）白头苗

在蟹苗的头部有一个"米粒"状的东西，俗称"白头"，这种苗疑似有病毒性病害，成活率低，不能购买。

（8）病苗

苗体不干净，镜检体表有聚缩虫或丝状细菌等，或发现大眼幼体有挂便、空胃、培育池中有死苗等现象不能购买。

3. 蟹苗运输

蟹苗一般采用干法运输，用一种特制的木制蟹苗箱（图 3.3），长 40~60 厘米，宽 30~40 厘米，高 8.0~12 厘米，箱框四周各留一窗孔，用以通风。箱框窗孔和底部都有网纱，防止蟹苗逃逸，装运时 5~10 个箱为一叠，用包装机打包固定，每箱可装蟹苗 0.5~1.0 千克。

保持箱体一定的湿度是运输成功的一个技术措施，因此蟹苗装运前必须先泡箱，即提前将运苗箱在水中浸泡 6~12 小时，装苗前 1~2 小时取出苗箱

图 3.3　蟹苗运输箱

并将水沥干，蟹苗装箱前在箱内放入适量的干净水草（水草覆盖面积约占蟹苗箱底部面积的 1/3，路途近的可不放），使箱内保持一定的湿度，也可防止蟹苗在一侧堆积，并保证了蟹苗层的通气。蟹苗称重前应将水分基本沥干，同时将残饵、杂物清除干净，以防运输过程中打团、缺氧，造成蟹苗死亡，然后用手轻轻将蟹苗均匀撒在箱中。运输途中，避免阳光直晒或风直吹，以防蟹苗鳃部水分蒸发而死亡。运输时间应控制在 8 小时以内，运输工具以带空调的面包车为宜，计算好路程，确定起运时间，以早晨 7:00—8:00 到达培育地点最佳。如运输时间较长（超过 3 小时），运输途中每隔 2~3 小时，可用喷壶向蟹苗箱上或空气中泼洒少量水分，保持运输环境有一定的湿度，注意千万不要向蟹苗直接泼洒。

四、蟹苗放养

1. 放养时间

蟹苗放养时间以 5 月中旬为宜，不宜太早或太迟，太早易造成成熟蟹比例高，太迟易造成蟹种规格偏小。购苗前要密切关注天气预报，确保放苗后

3~5 天，天气晴好，方可购买蟹苗。晴好的天气可以保证培育池水温适宜和水质良好，利于蟹苗顺利变态。应尽可能避免冷空气侵袭或长期阴雨的天气条件下放苗。同时必须安排好蟹苗装运的时间，以夜间运输、早晨放苗为原则，确保蟹苗放养时间在晴天的早晨，这样可以有效的提高运输和放养成活率。

2. 苗种放养和方法

（1）蟹苗放养

蟹苗放养量为 1.0~2.0 千克/亩。放苗方法为：放苗时，用培育池水淋洒 2~3 次，每次淋洒后放置 1~2 分钟，让蟹苗适应水温和吸足水分，然后将箱倾斜地放入塘内沟中，用手由苗箱后面向苗箱底方向轻轻地划水，帮助蟹苗慢慢地自动散开游走，切忌一倒了之。放苗时动作要快、人手要多，千万不要将蟹苗长时间暴露在太阳下或风口，不要在下风口放养。

（2）其他苗种的放养

6 月，幼蟹进入Ⅲ期以后，可亩放养鲢、鳙夏花 300~500 尾，以鲢为主，也可不放。

五、日常管理

1. 饲料选择与投喂

幼蟹培育饲料可分为二个不同的阶段，仔蟹培育阶段及规格幼蟹培育阶段。二个阶段的饲料组成及投喂各不相同，现分别介绍。

（1）仔蟹培育（大眼幼体至Ⅵ期幼蟹）阶段

蟹苗下池后至Ⅱ期仔蟹，以池中的浮游生物为饵料，若池中天然饵料不足，应增补人工饲料。Ⅱ期仔蟹后投喂蛋白质含量 38%~42%蟹种专用破碎

料，Ⅱ期至Ⅲ期日投饵量约15%，每天投喂4~5次；Ⅲ期至Ⅵ期，日投喂量为蟹体重的10%，每天投喂3次。如池中浮游生物充足，可适当推迟投喂时间和投喂

（2）规格幼蟹培育阶段

Ⅵ期后（规格1 000~1 200只/千克），进入规格幼蟹培育阶段，改投喂蛋白质含量28%~30%颗粒饲料，正常天气日投喂量为蟹种体重的3.0%~5.0%，每天投喂1~2次，投饵方法为全池均匀泼洒，以池边为主。越冬前（9月底至10月初）改投蛋白质含量38%~40%的颗粒饲料或新鲜小杂鱼，强化培育，为越冬积累营养。

（3）适时调整饲料

每隔20天左右打样一次，密切关注蟹种长势，根据个体大小及时调整投喂量和饲料营养，防止营养不足。投喂量不足造成蟹种规格偏小，自残比例高；投喂过量、营养过剩造成性成熟蟹比例过高等现象出现。8月底至9月初对蟹种进行打样评估，如饲养管理到位，此时蟹种规格应在200~300只/千克范围内，如规格小于300只/千克，应加大投喂投喂量，提高饲料蛋白含量，促进其快速生长，提高蟹种规格；如规格大于200只/千克，应适当控制投喂量，降低饲料营养，防止早熟蟹产生。

2. 密度控制

大眼幼体培育15~18天，经过3次脱壳成为Ⅲ期幼蟹。Ⅲ期幼蟹后，适应能力提高，培育成活率相对稳定，为保证合理的密度，这时应估测培育池中幼蟹的密度，以6万~8万只/亩为宜。正常情况下，Ⅲ期幼蟹到年底养成蟹种成活率可达60%~70%，如密度过高（超过8万只/亩）应及时稀疏出售或分塘，防止密度过大，影响其正常生长，造成培育的蟹种规格偏小，养殖经济效益低。如密度过低（低于6万只/亩）应适当补充幼蟹，以防密度过稀，造成产量低，性成熟蟹比例过高，经济效益下降。

3. 水质调控

蟹种培育阶段水质要求总的来说要"肥，活、嫩、爽"，因此要采取以下管理方法：

（1）换水与施肥

Ⅱ期幼蟹前保持水位稳定，不换水。Ⅱ期至Ⅵ期幼蟹，5天左右加水一次，每次加水 3~5 厘米，逐步将水深加至 70~80 厘米，使坂田（有环沟的塘口）上有水，此时应把幼蟹分散进入整个培育池养殖。每次换水后全池泼洒生物肥料 1.0~1.5 千克/亩，调节水质，保持透明度在 25~30 厘米。Ⅵ期仔蟹后，由于饲料投喂量加大，残饵和排泄物增多，不需要再施肥肥水，通过换水调节水质，一般 3~5 天换水 1 次，边排边进，每次换水量为池水 1/10。随着气温升高，水位应逐渐加深，7—9 月，保持水位 80~100 厘米，每隔 7 天换水 2 次，换水量 1/10，保持透明度在 35~40 厘米。10 月每半个月换水一次，换水量 1/10，保持水位 80~100 厘米。11 月以后将水加到最高水位，进入越冬阶段。

（2）水质调控

一是不定期地施用生石灰调节水质。一般一个月左右（视水体肥度而定），施用生石灰 1 次，亩用量 5 千克（以 1 米水深计），化水全池泼洒，施用时应避开幼蟹蜕壳期。二是施用光合细菌、EM 原露等微生态制剂。光合细菌、EM 原露等微生态制剂能有效转化吸收水体中的氨氮、硫化氢等有害物质，降低水体肥度，从而达到调节水质的目的。水质较肥的塘口或温度较高时（7—8 月），5~7 天施用 1 次，水质清瘦的塘口，一月施用 2 次即可。施用微生态制剂时，不可同时施用漂白粉、生石灰等消毒剂，以免降低效果，二者应相隔 5~7 天。

（3）溶解氧管理

加强溶解氧管理，防止出现缺氧，造成河蟹产生应激反应。科学使用增氧机，正常天气开机增氧时间：7—9月21:00开机，其他时间22:00开机，至次日日出1小时后停机；连续阴雨天气全天开；梅雨季节和高温季节（7—9月），下午13:00—16:00增加开机2~3小时。如没有安装增氧机的塘口，阴雨天或高温季节应泼洒增氧剂，并适当增加换水次数。实践证明，安装微孔增氧的塘口，在其他条件相比情况下，比没有安装增氧机塘口产量高20%以上。

4. 水草养护与管理

蟹种池以水花生为主，待水花生长至覆盖率达到50%以上时，将栽种的水花生连根拔起或用刀从底部割断，并进行密度调节，使其在池塘中均匀分布。设置水花生带，带宽3~4米，并用毛竹和细绳将其固定，一般池塘中设置2~3条水花生带，如果池塘面积大，可设条多，水草带间距在1.5~2.0米。培育池四边留1.0~1.5米通道，不栽种水花生，保证水流畅通，同时便于饲料投喂。养殖过程中水草覆盖率应保持在70%~80%，过多、过密要适时清除稀疏，过少要及时补充，如水花生来源困难，可在培育池中用网围成一块（约占池塘面积的5%~10%），放入浮萍，进行"圈养"。如浮萍密度过高及时捞出，这样既增加了水草覆盖率，也可以防止散放浮萍过度繁殖，引发覆盖面、密度过大，造成水流不畅。

5. 早熟蟹与懒蟹的控制与预防

幼蟹培育到8月中旬后，常见有少部分幼蟹已早熟，早熟蟹摄食量大、性凶猛、常以幼蟹为食，影响扣蟹的产量和养殖经济效益。因此，必须做好早熟蟹预防与控制，应将早熟蟹比例控制在5%以内。幼蟹密度过稀、规格不整齐、投喂不均、积温高、动物性饵料投喂过多等，是早熟蟹比例高的主要原因。

（1）早熟蟹预防与控制措施

一是控制幼蟹密度。为减少幼蟹早熟蟹的比例，蟹苗下塘后要观察生长发育状况，如果幼蟹培育成活率过低，密度过稀，要及时补充同规格幼蟹，保证每亩有 6 万~8 万只 V 期幼蟹。

二是科学投喂。饲料要荤素搭配，防止动物性饵料投喂过多，蟹种营养过剩，易产生早熟。建议全程使用颗粒饲料，并根据不同生长阶段投喂蛋白质含量不同的颗粒饲料；科学投喂，投喂要均匀、适量，防止饵料不足幼蟹互食相互残杀，降低蟹种培育成活率，或过度投喂造成水质恶化。

三是保持环境良好。要控制好培育池水温，防止积温过高，夏天要保持水深 80 厘米以上，水草覆盖率控制在 70%~80%，可以有效控制水温。保持水质良好，科学增氧，定期换水和使用生物制剂，确保水质"肥、活、爽"，保证幼蟹生活在良好的环境中。

（2）"懒蟹"的控制与预防

环境剧变是造成"懒蟹"主要原因。"懒蟹"规格小，几乎没有经济价值，因此在蟹种培育过程中，维持稳定、良好的环境，防止"懒蟹"产生，提高大规格优质蟹种的比例，是蟹种培育高产、高效的关键技术之一。

一是避免环境变化骤变。生产中换水前后要保持水位稳定，不宜大排大灌，每次换水量为池水 1/10，避免大排大灌造成水温、水质变化过大。短时间内水位变化过大、水温变化过是"懒蟹"产生的主要原因，如遇暴风雨或干旱，应及时排水或添水，保持水位、水温的稳定。

二是保持水质良好、溶氧充足。水质恶化是造成"懒蟹"另一个因素。幼蟹喜欢在水花生栖息，如水花生过密结块，易造成水草丛中局部缺氧，水花生过密要及时稀疏，同时定期翻动水花生，一个养殖周期需翻动水花生

3~4 次，避免蟹种长期寄生在水花生丛中形成"懒蟹"。科学增氧，定期换水和使用生物制剂，确保水质"肥、活、爽"，保证幼蟹生活在良好的环境中，防止因环境恶化，幼蟹产生应激，而回避不良环境产生"穴居"形成所谓的"懒蟹"。

6. 病害防治

幼蟹培育过程中病害防治工作要突出一个"防"字，坚持"预防为主，防治结合"原则。蟹种培育阶段的主要病害是纤毛虫。首先投放的大眼幼体要健康，不能带病，没有寄生虫。Ⅰ期幼蟹上岸往往是大眼幼体带有纤毛虫等引起。二是提倡全程使用高质量的幼蟹颗粒饲料，尽可能少用或不用玉米、小麦、杂鱼等动植物原料，特别是饲料一定要新鲜、不变质；科学投喂，防止投喂不当，造成水质恶化。三是加强水质调控，定期使用水质改良剂、换水等手段调节水质，营造良好的生态环境，保持幼蟹良好的体质。四是要加强溶解氧管理，科学增氧。每年 11 月，长江以北地区，气候渐冷，水温降低，这个时候若池内幼蟹密度高，每亩都在 150 千克以上，则要防止雾天缺氧，冬天要防冰下缺氧。到了销售季，在捕捞过程中，还要防止操作不当造成蟹种缺氧。

7. 日常管理

坚持每天早晚巡塘，观察幼蟹的摄食、活动、蜕壳、水质变化等情况，检查池埂是否渗漏，放逃设施是否严密，杜绝幼蟹逃逸。严防野杂鱼和敌害生物进入培育池，对进入培育池中的青蛙、蟾蜍、黄鳝、老鼠等要及时清除，笔者曾在幼蟹池中抓获 1 只青蛙，解剖后发现其胃中有 26 只Ⅱ~Ⅲ期的幼蟹，可见危害之大。每天早上要特别留意水草上是否有青蛙、蟾蜍的卵，如有要及时清除。如不慎进入野杂鱼，要及时用"杀鱼克星"、茶籽饼等杀灭。

及时捞除池中漂浮的脏物，清除池埂杂草，保持塘口整洁，做好塘口档案记录。

8. 越冬管理

（1）加强营养

冬季水温低，河蟹不摄食，主要靠自身营养维持生命，因此越冬前一定要加强营养，保证河蟹安全越冬。一般在9月底10初开始投喂高质量饲料或新鲜的小杂鱼，投喂20天左右，以加强蟹种营养，提高蟹种体质，确保越冬成活率和来年开春第一次脱壳成活率。此外，经越冬前强化培育的蟹种，营养状况良好，体质好，第一次脱壳早，脱壳成活率高。

（2）病害防治

10月初施用硫酸铜0.2~0.3千克/亩、硫酸亚铁0.2~0.3千克/亩、硫酸锌0.5~0.7千克/亩全池泼洒来预防纤毛虫。

（3）提水、肥水保温

11月上旬将水位加至1.0~1.2米，加水后每亩施经发酵消毒的有机肥100千克，保持一定肥度，利于水温的稳定。11月下旬至12月初将水花生集中成堆，每亩15堆左右，多余的水花生清除出塘。

六、捕捞运输

1. 捕捞方式

蟹种捕捞要提高捕捞效果，减少损伤，一般采用"一捞、二捕"综合捕捞法。"一捞"是首先12月初将池中的水花生分段集中，每隔2~3米一堆，用于捕捞，春季捕捞时只要将水花生移入网箱内，抖动并捞出水花生，蟹种就落入网箱内，清除杂质，然后集中装入暂养箱（袋）即可，采用这种方法

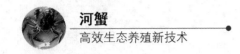
捕捞3次，可将存塘95%以上的蟹种捕出。"二捕"水花生捕捞法结束后，白天将水位放干，晚上往池内加注新水，用地笼网张捕，反复2~3次，池中蟹种基本可捕净。

2. 暂养和运输

捕起的蟹种要暂养在网袋内（图3.4），网袋的直径60厘米左右，蟹种暂养的时间不宜过长，尽量不要过夜，最好当日销售，否则会影响蟹种质量，降低养殖成活率。暂养时要注意两个方面的问题：一是挂网袋的水域水质必须清新，袋底不要落泥；二是每只网袋内暂养的蟹种数量不宜过多，一般每只网袋暂养数量不超过10千克，保持充氧，挂箱时间2~3小时为宜，暂养时间过长蟹种爪尖容易折断，影响养殖成活率。

图3.4　蟹种暂养

蟹种经暂养处理后，剔除成熟蟹和残肢蟹，分规格过秤或过数后装入聚乙烯网袋内扎紧，要保证蟹种不能动弹。称重过数的蟹种要放在阴凉处，保持一定的湿度；蟹种运输只要做到保湿、保阴凉、扎紧三点就行。最重要的是，尽可能减少幼蟹的脱水时间，运输时间越短越好（图3.5）。

图 3.5　蟹种的包装与运输

第二节　稻田蟹种培育技术

稻田生态环境非常适合蟹种生长，蟹种是稻田养殖的优选品种，稻田养殖蟹种在基本不影响水稻产量情况下，每亩可以增收 50~200 千克的优质蟹种，大幅度增加稻田综合收入。稻蟹共生，蟹种帮助稻田除草、除虫、施肥，稻田病虫害、杂草明显减少，基本不用药、化肥，生产的水稻品种优良，同时水稻有利于蟹种隐蔽、蜕壳、摄食和生长，蟹种成活率高、饲料成本低、产量稳定、品种优良，实现了蟹、稻双丰收，社会、经济、生态效益显著，是一种典型循环农业模式。

一、稻田的选择与田间工程

1. 稻田的选择

稻田养殖蟹种要选择：水源充足、排灌通畅、水质无污染、符合渔业水质标准，交通便利，地势平坦、保水力强的田块。稻田面积大小不限，一般

以 5~10 亩为宜（图 3.6）。低洼地、中低产田进行稻田养殖蟹种，增效效果更加明显。

图 3.6　标准化蟹种稻田养殖

2. 田间工程

　　田块整理包括开挖暂养池、蟹沟，加固稻田堤埂和防逃设施。暂养池主要用来暂养蟹苗，有条件的可利用田头自然沟、塘代替，面积 100~200 平方米，水深 1.2 米左右。一般在稻田的田埂内侧留 1.0~1.5 米 "青坎"，再开挖蟹沟，沟宽 1.0~2.0 米，沟底宽 0.5 米，深 0.6 米，可开成 "回" 字形、"十" 字形、"井" 字形，面积大的稻田可多开几条沟，暂养池和沟的总面积以占稻田面积的 5%~15% 为宜。如养殖目标产量较高，蟹苗投放量大，可适当提比例，暂养池必须与环沟相通。为满足机械作业需求，沟与沟之间可留一段 5 米左右机耕作业通道。有进排水设施，进、排水口对角设置，进排水管道用筛绢网包好，经常检查并适时更换。堤埂加固夯实，高度不低于田面 50 厘米，顶宽不少于 100 厘米。防逃设施建设要求同池塘蟹种培育，有条件可以暂养池、环沟田块工程应在苗种放养前完成。

二、放养前准备

1. 消毒

田块整理结束，排干田水，每亩用生石灰 50～100 千克化水全田泼洒，以灭杀病菌，补充钙质。如为盐碱地田块，则改用漂白粉溶液消毒，每亩用漂白粉 10～20 千克。

2. 施肥培水

以有机肥和生物肥为主，不用或少用化肥。通常在稻田插秧前 10～15 天进水泡田，进水前每亩施 130～150 千克腐熟的农家肥和 10 千克过磷酸钙作基肥。进水后整田耙地，将基肥翻压在田泥中，最好分布在离地表面 5～8 厘米。放苗前 7 天，将水降至暂养池中保持 30～40 厘米水深，再根据水质状况，适当施肥，培育生物饵料。

3. 暂养池、蟹沟种草

暂养池、蟹沟加水后，用生石灰清池消毒。4 月上旬，在暂养池、沟中栽种水草，一般为水花生或伊乐藻，也可以根据不同地区种植一些当地品种，水草是利于幼蟹的栖息、隐蔽、生长和蜕壳。种植水草，是提高蟹种成活率的关键措施。

三、蟹苗放养

1. 放养时间

同池塘蟹种培育技术（见本章第一节）。

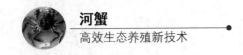

2. 苗种放养和方法

（1）蟹苗放养

5月中旬蟹苗放养量为 0.25~1.0 千克/亩，将苗放入暂养池中培育一段时间，待秧苗栽插 20 天后，将暂养池与沟开通，并将水位加至田面上 5 厘米，使幼蟹进入大田养殖。放苗方法与蟹种质量要求同池塘蟹种养殖技术（见本章第一节）。

（2）其他苗种的放养

6月，幼蟹进入Ⅲ期以后，可适当放养鲢、鳙夏花 100~200 尾/亩，或以鲢为主，也可不放。

四、日常管理

1. 饲料投喂

同池塘蟹种培育技术（见本章第一节）。

2. 水质管理

养蟹的稻田，由于水位较浅，应始终保持水质清新，溶氧充足，坚持勤换水。水位浅时要适时加水，水质过浓时应更换新水，每 10~15 天换水 1 次，每次换水 3~5 厘米，正常情况下保持稻田田面水深在 10 厘米以上深即可，不能任意变化水位或脱水烤田。注意换水时温差不要多大，换水时间早期（5月至6月中旬）下午 14:00—16:00 换水为宜，高温期间，以凌晨 03:00—06:00 换水为宜，晚期（9月后）以上午 10:00—11:00 为宜。

3. 病害防治

同池塘蟹种培育技术（见本章第一节）。

五、水稻日常管理

1. 施肥管理

养殖蟹种的稻田以施有机肥、施基肥为主，少用或不用化肥。在施足基肥后，尽可能减少追肥次数和施肥量，如确实需要追施化肥时，应施尿素、不宜施碳酸氢铵，尿素一次用量不宜超过 2.5 千克/亩。

2. 科学用药

稻田用药防治病虫害时，要选用效果好、毒性低、降解快、残留少的高效低毒农药。稻田养蟹不能使用杀虫剂、有机磷农药。

为了确保蟹种安全，稻田施用各种农药防治虫害时应尽可能加深田水；病虫害发生季节往往气温较高，喷洒农药时尽量喷洒在水稻茎叶上以减少农药落入水中，最好是将喷雾器喷嘴伸到叶下，由下而上喷。施药要安排在适宜的时间进行，粉剂宜在早晨稻株带露水时撒，水剂宜在晴天露水干后喷，下雨前不要施药。使用毒性较大的农药，可采取一面喷药、一面换水，或先将田水放干，驱使河蟹进入蟹沟蟹涵内。为防蟹沟、蟹涵蟹种密度大水质恶化缺氧，应每隔 3~5 天向蟹涵内充一次新水，等药力消失后再向稻田里灌注新水让河蟹游回田中。也可采用分片施药，一次施药半块田，隔天再施另半块田，施药后应换水，以降低田间水体农药的浓度。施药一般安排在阴天或晴天的下午，施药前应调试好加水设备，用药后要密切注意蟹种的反应，发现异常，立即换水。

3. 水稻晒田

水稻生长中期，为使空气进入土壤，阳光照射田面，增强庄稼根系活力，

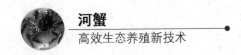

同时为杀菌增温，需进行烤田。通常养蟹的稻田采取"多次、轻烤"的办法，将水位降至田面露出水面即可，如水产品产量高，也可带水"烤田"，即田面保持2~3厘米水进行"烤田"。虽然这样做会使稻谷产量略有下降，但保证了水产品安全。烤田时间要短，以每次2天为宜，烤田结束随即将水加至原来的水位。

4. 防逃与除害

防逃设施安装应在放苗前完成，防逃设施要求质量可靠，坚固实用，严防被水冲垮、被风刮倒及田埂出现洞穴。

放苗前彻底清田，清除养蟹田内的青蛙、蛇、老鼠等天敌。蟹苗投放到稻田后，每天都要进行巡查，发现天敌侵害及时捕杀。进、排水必须使用80目筛绢网过滤，防止敌害生物进入。

及时将雨水排出，保持稻田水位的稳定，千万不可让水漫过田埂，造成防逃设施损坏，而造成河蟹随水逃跑。另外，建防逃设施时不要离水稻太近，防止河蟹长大后顺水稻秸秆爬至稻顶部越墙逃走。

六、水稻收割

收割水稻时，为防止收割水稻伤害河蟹，可通过多次进、排水，使蟹种集中到蟹沟、暂养池中，然后再收割水稻。

七、越冬管理

1. 提水、肥水保温

水稻收割后，将水位加至最高，加水后每亩施经发酵消毒的有机肥100千克，保持一定肥度，利于水温的稳定。11月下旬至12月初将沟中水花生集中成堆，每亩 15 堆左右，多余的水花生清除出塘。

2. 加强营养

冬季水温低，河蟹不摄食，主要靠自身营养维持生命，因此越冬前一定要加强营养，保证河蟹安全越冬。一般在 9 月底 10 初开始投喂高质量饲料或新鲜的小杂鱼，持续投喂 20 天左右，以加强蟹种营养，提高蟹种体质，提高越冬成活率，确保来年开春第一次脱壳成活率。

3. 病害防治

10 月初施用硫酸铜 0.2~0.3 千在/亩、硫酸亚铁 0.2~0.3 千克/亩、硫酸锌 0.5~0.7 千克/亩，合剂全池泼洒，以预防纤毛虫。

八、捕捞运输

同池塘蟹种培育技术（见本章第一节）。

第四章
成蟹生态养殖技术

第一节　池塘成蟹生态养殖

一、池塘条件

成蟹养殖池应选择靠近水源、水量充沛、水质清新、无污染、进排水方便和交通便利的池塘，要求电力、排灌机械等基础设施配套齐全，每亩配置0.15~0.25千瓦动力的微孔增氧设施。池塘形状以东西向长，南北向短的长方形为宜。大小不限，以10亩左右为宜，方便管理，宜取得高产。池深1.5~1.8米，塘埂坡比1∶2.5~3.0（图4.1）。池塘底质以壤土最好，底部淤泥层不宜超过10厘米。塘埂四周应建防逃设施，防逃设施高60厘米，防逃设施可选用钙塑板、铝板、石棉板、玻璃钢、白铁皮、尼龙薄膜等材料，并以木、竹桩等作防逃设施的支撑物（图4.2）。蟹池内四周可开挖"回"形蟹沟，面积30亩以上的池塘还应加挖井字沟，蟹沟宽2.0~4.0米（开挖蟹沟条数由养殖面积决定，蟹沟总面积占蟹池总面积20%~30%），沟深0.6~

0.8 米。也可以不开沟，但池深需达到 1.8 米以上。

图 4.1　标准化成蟹养殖池塘

图 4.2　防逃设施

二、放养前准备

1. 清塘消毒

认真做好池塘清塘消毒工作，具体操作为：每年成蟹捕捞完毕后，排干蟹池池水，清除过多淤泥，保持池底淤泥表层 10 厘米左右，晒塘冻土。至蟹

种放养前 30 天，加水 10~20 厘米，用生石灰或漂白粉消毒，生石灰用量为 150~200 千克/亩，或漂白粉 25~30 千克/亩（图 4.3）。放苗前 7~10 天，加水至 50~60 厘米，当天使用消毒剂消毒，第 2 天使用硫酸锌杀虫，第 3 天使用果酸解毒剂解毒。

图 4.3　池塘清塘消毒

2. 增氧设备安装

如经济条件允许，每亩按 0.15~0.25 千瓦动力配备微孔增氧设备，安装时间一般安排在晒塘后进水前。蟹池以安装条形微孔增氧管道为佳，每条微孔管道长度不宜超过 35 米（过长，管道尾部气压不足，影响增氧效果），管道安装距池底 10 厘米位置，用钢筋或木桩、竹桩等水平固定在蟹池底部，管道设置高低相差不能超过 10 厘米，相连的微孔增氧管道之间相隔 5~6 米，每亩池塘微孔增氧管道总长度控制在 40~50 米。也可用微孔曝气盘，在池塘中均匀设置，每亩安装 3~4 个盘，但微孔管总长度不变。

3. 施肥

进水后，放苗前 7~10 天每亩施经发酵的有机肥 100~150 千克或生物有机肥 10~15 千克，新塘口可适当多施，培育基础饵料，施肥宜选择在晴天进行，施肥前、后48小时应开启增氧机，加强增氧，加快有机物分解，为浮游生物生长提供营养。放苗时，水质要求"肥、活、爽、嫩"，氨氮、亚硝酸盐、硫化氢在规定范围内，透明度控制在30~35厘米。

4. 水草种植

养殖户有句俗语"蟹大小、看水草"，可见水草栽种与养护是河蟹养殖的关键技术之一。蟹池常用水草种类有伊乐藻、轮叶黑藻、苦草、菹草等（图4.4），水草在清塘消毒后15天栽种，一般在1月至2月初，进水20厘米左右。池塘中按"井"字形栽种，水草行间距2.0米，株间距0.5~0.6米，每条草带4~5行水草，宽2.5~3.5米，水草带之间留2~3米空白区（图4.5），给河蟹活动留下空间和路线，同时也可以保证水流畅通。伊乐藻应尽量早种，一般在1月初栽种，栽种在河蟹暂养区轮；叶黑藻、苦草等晚种，晚发的水草在2月底前后栽种，栽种在养护区，需用网片分隔拦围养护，保护水草萌芽，防止被河蟹破坏。具体采取以下措施：

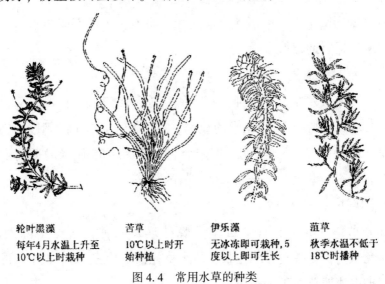

轮叶黑藻
每年4月水温上升至
10℃以上时栽种

苦草
10℃以上时开
始种植

伊乐藻
无冰冻即可栽种，5
度以上即可生长

菹草
秋季水温不低于
18℃时播种

图4.4　常用水草的种类

图 4.5　围网水草养护

（1）品种多样化

根据各类水草的生物学特性，筛选河蟹喜食的优质水草，确立以伊乐藻为主，搭配种植其他水草（包括黄丝草（微齿眼子菜）、轮叶黑藻、苦草等），其中伊乐藻占 50%，其他水草占 50%，在蟹池中形成稳定的高（适合轮叶黑藻、苦草等高温生长的水草）、低（伊乐藻、黄丝草等适合低温生长的水草）搭配的多个水草群落，保证蟹池河蟹养殖生产期间中水草供应丰富多样性，水草适宜的覆盖率。

（2）水草栽种工艺

采取"浅水促水草，肥水抑青苔"的措施，促使水草扎根萌芽，水草栽种后至 4 月底，保持 50～60 厘米的浅水，有助于水温提高，阳光照射充分，利于水草"醒棵"、生长；早期适度施肥，保持 30～35 厘米的透明度，既可有效地控制青苔的孳生，又保证水草生长的营养。

（3）围网护草

对部分水草（轮叶黑藻、苦草等晚种迟发品种）进行围隔圈养（图4.6），避免被河蟹等夹食影响生长，待水草扎根茁壮后（6—7 月）再分批开放。围网护占池塘总面积 3/4～2/3。

图 4.6　围网水草养护

（4）水草消毒

为防止青苔、敌害生物随水草带入池中，水草栽种前消毒处理，一般使用 10~20 克/米³ 的硫酸铜溶液浸泡 20 分钟。

5. 螺蛳投放

投放螺蛳是河蟹生态高效养殖重要的技术措施之一，螺蛳既可作为河蟹的活饲料，又有着净化蟹塘水质的功能。螺蛳投放方式可采取二次投入法或多次投入法，二次性投入法为清明节前每亩蟹池投放活螺蛳 150~250 千克，7—8 月根据螺蛳存塘量多少再投放 100~150 千克/亩（图 4.7）；分次投入法为清明节前每亩成蟹养殖池塘先投放 100~200 千克，然后在 5—8 月间每月投放活螺蛳 50 千克/亩。如螺蛳来源方便，建议采用多次投入法。投放前需要清洗干净，以防带入敌害生物。

三、苗种放养

1. 蟹种放养

（1）蟹种质量要求

优良的蟹种应具备以下要求：一是种质好、规格大而整齐，应选择经选

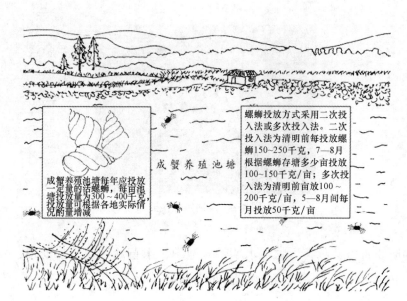

成蟹养殖池塘每年应投放一定量的活螺蛳，每亩池塘投放量为300～400千克，投放量可根据各地实际情况酌量增减

成蟹养殖池塘

螺蛳投放方式采用二次投入法或多次投入法。二次投入法为清明前每投放螺蛳150～250千克，7～8月根据螺蛳存塘多少亩投放100～150千克/亩；多次投入法为清明前亩放100～200千克/亩，5～8月间每月投放50千克/亩

图 4.7　螺蛳的投放

育长江水系中华绒螯蟹良种繁育的子代，如"长江1号"河蟹、"长江2号"、"江海21号"等良种河蟹繁育的子代，蟹种规格以100～140只/千克为好。二是活力好、无病害，体质健壮，爬行敏捷，附肢齐全，肢体有力，体态饱满，指节无损伤，蟹体干净有光泽，无寄生虫附着；打开蟹壳，肝胰脏呈鲜黄色，肝小叶条纹清晰，鳃丝干净透明（图4.8）。三是新鲜，最好是当地培育的蟹种，暂养时间短，当天捕捞、当天销售的蟹种。

（2）放养时间与数量

根据各地的气温，因地制宜，确定放苗时间，以气温3～6℃为时放养效果最佳，气温超过8℃或低于1℃不宜放养，在长江中下游放养时间一般以2月中下旬为宜，放养密度以每亩700～1 200只为宜。放养太早（水温与气温温差大，捕捞、运输易引起蟹种的应激反应，下塘成活率低；放养太迟，温度回升（3月中旬后水温达到10℃以上，河蟹开始开食、脱壳），即将脱壳和

图 4.8　大规格优质蟹种

刚刚脱壳的蟹种比例高，捕捞、运输宜受伤，运输、下塘成活率低。

（3）放养前蟹种处理

运输过程中蟹种大量脱水，因此放养前必须先进行吸水处理，吸水处理具体方法为：将蟹种先放入池中吸水 1~2 分钟，取出放置 5 分钟，反复 2~3 次，让蟹种充分吸足水分。再用 10~20 毫克/升高锰酸钾溶液或 3%~5% 食盐水溶液浸洗消毒（图 4.9）10~20 分钟；放养前 2 小时或放养时，使用葡萄糖、Vc 等抗应激反应的制剂全池泼洒，以降低蟹种应激反应。放养一般采用一次放足、二级放养方法：一次放足，就是放养的蟹种一次性备齐放入池塘中；二级放养则是指对面积较大的蟹池，可在塘内先用网布进行小面积围栏（一般设在出水口一边，围栏池塘总面积 1/4~1/3），将蟹种先放入暂养区，

图 4.9　蟹种消毒

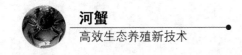

进行强化培育，其余部分作为水带护养区，蜕壳 1~2 次后拆除将围栏设施，放开蟹种进入全池养殖。

2. 其他苗种放养

2 月中下旬，每亩放养 150~250 克/尾大规格花白鲢鱼种 25 尾（花鲢 5 尾、白鲢 20 尾）。另外，可根据各地资源条件和市场情况，适当搭配青虾、鳜鱼、沙塘鳢、南美白对虾、黄颡鱼等品种，充分利用水体，提高养殖经济效益，具体放养数量、放养模式等将在第六章中介绍。

四、日常管理

1. 饲料选择与投喂

（1）饲料种类

河蟹饲料种类分植物性饲料、动物性饲料和配合饲料，植物性饲料有豆饼、花生饼、玉米、小麦、地瓜、土豆、各种水草等；动物性饲料可用小杂鱼、螺蛳、河蚌等；配合饲料应按照河蟹不同生长阶段对营养的需要，选择不同蛋白质含量的专用颗粒饲料，质量要求符合 GB 13078 和 SC 1052 的规定。生产实践证明：饲料以投喂优质颗粒饲料为主，适当投喂动物性饲料和植物性饲料，风味佳、饲料利用率高，蟹池水质宜控制，河蟹生长速度快、成活率高、规格大，养殖成本低、效益高。

（2）投喂原则

投喂的饲料品种遵循"两头精，中间青"原则。前期（3—6 月中旬），恢复体力阶段，蟹种经过一个冬天的"冬眠"，身体虚弱，需投喂优质颗粒饲料（蛋白质含量 40%~42%）加小杂鱼，帮助其恢复体力；这一阶段生产管理的重点是脱好第一次壳，利用良好水温和水质，促进河蟹快速生长（此阶段脱壳3次）。中期（6月下旬至8月中旬），水温偏高，水质易变坏，这一阶段生产管理的重点是维持水质稳定，控制病害发生，确保安全度夏，保证养殖成活率；需投喂颗粒饲料（蛋白质含量30%）加植物性饲料（玉米、豆粕、南瓜等）（此阶段脱壳1次）。后期（8月下旬以后），投喂颗粒饲料（蛋白质含量38%～40%）加小杂鱼；这一阶段生产管理的重点是催肥促膘，增加体重，提高鲜美度（此阶段脱壳1次）。

（3）投喂量与投喂次数

投喂时机应遵循"早开食、晚停食"原则，只要水温达到8℃以上、天气晴好就应坚持投喂。投喂量根据天气、河蟹活动情况和水质状况而定，水温15～28℃，每天投喂量颗粒饲料为蟹体重1.0%～5.0%或动物性饵料2.0%～8.0%，8～15℃或29～32℃少量投喂。具体投喂量遵循的原则是："天晴适当多投、水草上浮增多多投、河蟹活动频繁多投；阴雨天少投、发现过夜剩余饵料少投、蜕壳期间少投、水质不好少投。"需要提醒的是：脱壳期减少饲料投喂量，但应增加动物性饵料，以减少自相残杀。

正常天气情况下，每天投喂1～2次，一般安排在07:00—08:00和16:00—17:00各投1次，也可下午16:00—17:00投喂1次，投喂量以3～4小时吃完为宜。投喂采用全池泼洒（图4.10），浅水处适当多投，无草处多投，深水区少投，水草上少投。根据天气、吃食、水质等情况确定投喂频数，天

图4.10 饵料投喂

气晴好，水温在 8~15℃时，2~3 天投喂 1 次，16~19℃每天投喂 1 次，20~28℃每天投喂 1~2 次，29~32℃可少量投喂。水温高于 32℃，河蟹会有生命危险，应尽量避免出现；低于 8℃河蟹基本不吃食，不用投喂。

2. 环境调控

（1）水位与水温调控

河蟹开食水温在 8℃左右，脱壳水温在 12℃左右，15~30℃为生长温度，生长最快的水温是 25~28℃，超过 32℃河蟹摄食量减少，生长受到抑制，34℃以上河蟹生命将会受到威胁。因此，在养殖过程中，只有做好水位和水温管理，使蟹池的水温向河蟹适宜生长水温区间调节，按照"前浅、中深、后稳"的原则及时加高或降低水位，合理调节水温，满足河蟹生长需求，促进河蟹等养殖品种的生长发育。2—6 月气温逐步回升，蟹池水深控制在 0.5~0.8 米，适当的浅水有利于水温的迅速提高，促进河蟹、青虾提早开食、早脱壳，加快河蟹、青虾摄食速率，促进河蟹快速生长；7—9 月气温偏高，不利于河蟹摄食、生长，这一阶段应加深蟹池的水位，维持水位 1.0~1.2 米，最大限度地降低水温，维持池水中下层水温在 30℃以内，利于河蟹正常摄食，促进蜕壳，安全"度夏"；10—12 月水位稳定在 0.8~1.0 米，利于水温稳定，为河蟹增重育肥提供稳定的环境。养殖期间如遇暴雨，应及时排水，控制水位，防止水质、水温突变，引起河蟹等养殖品种的应激反应，抵抗能力下降。

（2）水质管理

前期（2 月底至 5 月上旬），早春水温低而且变化大，此时应适当施肥，每 15 天左右，施用生物肥料 1.5~2.5 千克/亩，水体透明度控制在 30~35 厘米，主要目的是培育生物饵料、提高水温、控制青苔的发生等。每半个月添水 1 次，每次加水 5~10 厘米，换水时间安排在晴天的 12:00—14:00，有利于提高池塘水温，换水后，使用二氧化氯或碘制剂消毒 1 次。消毒后 3~5 天使用生物有机肥 1 次，用量为 1.5~2.5 千克/亩，施肥当天再使用芽孢杆菌等生物制剂 1 次，用量按说明书使用（图 4.11）。

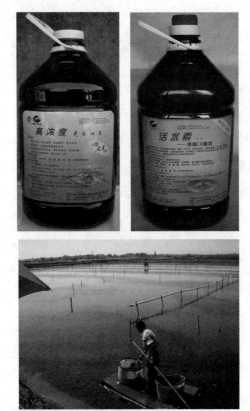

图 4.11　生物制剂使用

中期（5 月下旬至 6 月下旬），水温上升至 20℃ 以上，达到河蟹最适的生长温度，河蟹摄食量加大，池塘中残饵和排泄物增加，微生物繁殖的速度加快。此阶段蟹池水的透明度应控制在 35~40 厘米，每 7~10 天施用生物制剂和底质改良剂调节水质、改善底质，降低水体氨氮、亚硝酸盐、硫化物等有毒有害物质浓度先用底改，2~3 天后再用生物制剂。每周换水 1 次，每次

10~15厘米，每10天消毒1次，消毒剂可交替使用生石灰和漂白粉。

高温期间（7月初至9月下旬），此阶段温度高、蒸发量大、水质变化快，应勤换水，每3~5天注排水1次，采取少量多次、边排边注的方法；每次换水10~15厘米，在夜间3:00-6:00换水，以达到降低水体温度、改善水质目的。每5~7天施用生物制剂和底质改良剂1次，主要使用EM菌、光合细菌、乳酸菌等生物制剂，调节水质、改善底质，降低水体氨氮、亚硝酸盐、硫化物等有毒有害物质浓度。

后期（9月底至12月），每7~10天注排水1次，每次换水10厘米，保持水温、水位的稳定，为河蟹增重育肥提供稳定的环境。每个月消毒1次。

（3）溶解氧管理

保持水体高溶解氧是河蟹养殖关键技术之一。日常管理中应密切注意天气变化，及时开启增氧设施（图4.12），保证蟹池溶解氧充足。一般天气条件下开机增氧时间为：夜间22:00开机（7—9月高温期间晚上开机时间提前1小时即21:00），至翌日太阳出来后1小时停机，下午13:00-16:00开机1~2小时。连续阴雨天提前并延长开机时间，尤其是梅雨季节。用药、施肥、使用生物制剂等应选择在晴天进行，并提前2小时以上开启增氧机，以保证水体溶解氧充足。

图4.12 微孔增氧

（4）水草管理

伊乐藻是蟹池的当家草，但伊乐藻不耐高温，为保证其安全度夏，在高温来临前（5月中旬前后）要逐步加深水位，并对伊乐藻进行割刈，保留水草底部10~20厘米，这一措施既可避免高温季节由于表层水温过高造成水草枯头而死亡，也可以促进水草萌发新芽。每个塘口水草割刈分3~4次完成，每次割刈1/3~1/4水草，防止环境变化过快对河蟹生长产生不利影响。水草割刈应选择晴天的上午进行，割草当天夜间需要加强增氧。

控制水草覆盖率，保持合理的布局。水草覆盖率控制在50%~55%，水草带之间需留2~3米的无草区，这样水草不仅发挥栖息环境和净化水质的作用，而且也避免了水草过多，造成蟹池溶氧、pH值等因子昼夜变化幅度过大和水体流动性差的问题。因此，在生产管理中采取抽条的方式控制水草总量，特别是在中后期，水草疯长，抽条必须及时到位（图4.13）。如水草覆盖率不够，要及时补充，可适量放置水花生，也可以围网圈养浮萍。

图4.13　水草管理

3. 特殊天气的管理

（1）早春管理

早春气温低、气温变化大（3月上旬至4月上旬），养殖管理的重点是提高和稳定水温，争取河蟹、青虾等养殖品种早开食、早脱壳，为养大蟹、早

上市争取生长时间；稳定水环境，避免应激反应，提高第1次脱壳的成活率，主要措施为：

提高与稳定水温措施：

维持适宜水位（60~70厘米），适当浅水位有利于提高水温，但不宜太浅，水位太浅水温虽然容易提升但水温变化幅度大，同时青苔宜滋生；水位太深，水温难以提升，不利于河蟹生长、脱壳。

保持一定的肥度，透明度控制在30~35厘米；每半个月添加水1次，换水时间应选择在中午12:00—14:00期间，适量排出底层低温、低氧水，改善水质、调节水温。

稳定水温，密切关注天气预报，防止因"倒春寒"引起水温骤变。如遇寒潮，应提前3~4天逐步将水位调整到70~80厘米（每次添加5厘米），并适度施肥，降低透明度，提高池塘保温能力和水体藻相的稳定，防止由于寒潮造成池水温度骤降和"倒藻"，引起河蟹产生应激反应，影响第1次脱壳的成功率。

（2）梅雨季节管理

每年6月下旬至7月上旬江南地区进入梅雨期，梅雨季节雨水多、光照条件差，光合作用弱，水中溶解氧低、pH值下降，同时降雨带入大量的泥沙进入池塘，造成水位上升、透明度下降、水温下降、池底"泛上"，易引发藻类大量死亡和水质恶化。此阶段水体中溶解氧下降、有机物浓度上升，有机物氧化分解受阻，以厌氧分解为主，导致水中的氨氮、亚硝酸盐等有害物质增加，水质恶化，河蟹易产生应激反应，造成病害发生。在这一阶段河蟹养殖管理的重点是维持底质、水质稳定，降低河蟹应激反应，控制病害发生。主要采取以下技术措施：

①稳定水质。密切关注天气预报，雨前2~3天，使用微生态制剂，适当施肥培藻，增加水体肥度，提高水质的稳定性。

②增氧、改善底质。如配备增氧机池塘必须全面开启，并连续开机，没有增氧机需要投放增氧剂或投放增氧型底改。

③减、停食。阴雨天开始时减半投喂，连续阴雨停止投喂；到天气转晴后，逐步增加饲料，天晴3天以后正常投喂。

④稳定水位。保持水位稳定，及时将雨水排出，防止因暴雨引起水位暴涨，透明度下降，造成水草死亡。

⑤预防水草腐烂。使用EM菌、芽孢杆菌等生物制剂，保持水质清爽，雨后补充碳、钙肥等水草、藻类营养，防止水草腐烂，藻类大批死亡，恶化水质。

⑥调节pH值，阴雨天由于光合作用减弱、雨水呈酸性等原因，导致池水pH值下降，应使用生石灰调控pH值，用量2.5~5.0千克/亩，化水全池泼洒。

⑦减缓应激反应，使用葡萄糖500克/亩加300克/亩Vc化水后全池泼洒（或使用应激宁等抗应激反应的制品，用量按说明书使用），减缓应激反应。通过以上措施可以有效地降低应激反应，控制病害的发生。

（3）高温季节管理

7—9月高温季节，光照强度大，温度高，蟹池中pH值总体偏高且日变化大，有机物分解快、耗氧量大，管理难度大。这一阶段主要围绕降低水温、pH值来调控水质，主要采取以下技术措施：

①加深水位，使蟹池深水区达到1.2米。

②加强换水，每周换水2~3次，每次换水10~15厘米，换水时间选择凌晨03:00—06:00（此时是夏天池塘昼夜24小时唯一表层水温低于底层水温的时段），换掉部分底层高温、低氧的水，换进表层相对低温、高氧的水，改善水质和调节水温。

③保持一定水草覆盖率。水草具有降低蟹池水温作用，如水草覆盖率偏

低（低于50%）可在池塘中设置5%左右网围区，在网围区投放浮萍，适当增加水草覆盖率，降低水温。

④定期使用果酸、EM菌生物制剂调控pH值。需要特别提醒的是：高温期间连续晴天不可以使用生石灰。

⑤科学投喂，降低饲料的蛋白质含量，改用蛋白质含量30%的颗粒饲料，适当投喂玉米、南瓜等植物性饲料，坚持"八成饱"投喂法，不过量投喂。

⑥加强病害防控。每个月连续7天在饲料中添加Vc、免疫多糖、酵母菌等提高免疫力的制剂，高温期间坚持每天在饲料中添加"大蒜素"防病。

（4）脱壳期管理

成蟹养殖期间一般脱壳4~5次，每次脱壳体重增加40%~120%。脱壳对河蟹来讲也是生命攸关的事，脱壳不遂就会死亡，因此脱好壳、多脱壳是河蟹养殖取得大规格、高产量的关键。

①脱壳期河蟹吃食量降低，应减少颗粒饲料投喂量，增加投喂新鲜的动物性饵料，可以减少自相残杀。

②保持水位稳定，脱壳期间不要加、换水；严禁使用化学药物。

③加强溶解氧管理，保证蟹池高溶解氧。

五、养殖期间常见问题及解决方案

1. 水体混浊

一天的某一时段或短期的混浊对生产影响不大，高温晴天偶尔通过减少饲料的投喂引起池底第二天上午混浊半天，还可改善底质，有利无害。但长期混浊，水草生长发芽没有光照就易倒伏死亡，影响水草布局；其次混浊水体溶氧低，河蟹生长慢，虽然有的塘口不死蟹，但因缺乏水草到收获时河蟹规格偏小，效益低下。蟹池水体混浊的常见原因：①由于投喂量不足，河蟹寻食活动引起，可通过增加投喂量或投放螺蛳来解决；②蟹体附着纤毛虫类寄生虫，引发河蟹烦躁不安，四处爬动甚至上岸，引起混浊，可通过泼洒硫酸锌等药物解决；③浮游动物、桡足类动物偏多，要先用阿维菌素等药物杀虫，再肥水可解决；④野杂鱼多，特别是底层鱼多，鱼类活动易引起水浑，可通过地笼张捕，或使用"杀鱼克星"、茶子饼杀灭（在池中没有混养吃食鱼类情况下）；⑤水位太浅，如遇暴雨，易引起池水上下对流，引发"返底"，导致水体混浊，可适当加深水位，加强增氧。

2. 青苔、蓝藻暴发

青苔的种类较多，少量的青苔对河蟹生长无碍，等青苔老化后捞除，注意底改，以免死亡后污染水体。但是大量青苔暴发对水草特别是轮叶黑藻的生长发芽是毁灭性的，广大养殖户深受其害，有时越捞其繁殖越快，用药防控也是暂时性的，10天以后又卷土重来。遇到青苔厚盖塘底影响水草生长时，要采取果断措施，突击清除，突击补栽水草，以免影响水草布局。现推荐一种预防方法：先是环沟内通过肥水加深水色来控制，再是板田上水要迅速，突击加深池水到40厘米，突击施肥，施用有机肥后，泼洒芽孢杆菌，促进有机大分子快速降解为营养物质，促进藻类生长。

蓝藻暴发的塘口一般有机质较多，底泥较肥沃或水草腐烂、水质变化，遇上高温，pH值升高，3~5天遍布全池，不及时防控会越来越多，恶化水质。蓝藻预防方法有：保持水体透明度40~50厘米，夏季避免水质过肥，使用果酸类、EM菌、乳酸菌等微生物制剂调节pH值，保持蟹池中一定水流。蓝藻处理方法有：可采用"化学生物综合法"，在蓝藻出现的初期，先用适量（正常消毒剂量1/2）二氧化氯等消毒剂对水体消毒，破坏蓝藻活力，再施用光合细菌加腐殖酸钠防治，利用光合细菌与蓝藻争夺营养，腐殖酸钠遮光抑藻。通过消毒，杀藻杀菌，破坏原有的生态系统，此时投放有益微生态，

有利于形成优势菌群。需要提醒的是：消毒后要加强增氧，防止浮游生物、蓝藻死亡引起蟹池缺氧。

3. 割完草（伊乐藻）后，水浑

（1）原因

割草或拉草时，踩踏塘底或草根拉走时带动的底泥常引起水浑。

（2）处理方法

干撒增氧型底改，改善底部环境；全池泼洒 EM 菌，改善水质。

4. 水草挂脏

（1）草脏的原因

一是水浑。水浑是池塘中有机质及其他悬浮杂质多的现象，较多的杂质附着于水草上造成草脏。

二是水草活力差。水草本身有自净能力，当其活力差时自净能力差，过多的杂质附于水草表面不能被及时净化。

三是离子平衡失衡。正常池塘水环境中存在阴阳离子动态平衡，逢蜕壳高峰期，河蟹需要从水中吸收大量的钙质。钙质属于阳离子，阳离子的大量流失，相对阴离子就会增加，而阴离子带负电荷易吸附小分子的有机质及杂质黏附于水草上。

（2）处理方法

①由水浑引起的草脏，干撒增氧型底改，改善底部环境；全池泼洒 EM 菌，改善水质。

②由活力差引起的草脏，可使用 EM 菌泼浇，再配合补充碳、钾、磷等微量元素的肥料或水草专用肥料，增强草的营养，提高活力。

③由阳离子少的塘口，加量使用"全能钙"等离子钙产品，配合使用

"底改"改底。

5. 水草根部发黄、发黑

（1）原因

池塘底部缺氧或水草缺乏营养，是水草自身活力下降造成的。

（2）处理方案

①拉掉过多水草，保持合理布局，促进水体流动，通风透气。

②干撒过氧化钙等增氧剂，提高池塘底部溶氧，优化水草根部环境。

③使用补充水草营养肥料，提高水草活力。

6. 伊乐藻上浮

（1）主要原因

由于水草扎根不牢，自身浮力太大引起的。

（2）处理

①如果上浮的伊乐藻，比较干净、清爽、嫩绿，建议及时保草，使用EM菌配合增氧型"底改"处理，既可以改善水体环境，又可以保草护草。

②如果上浮的伊乐藻已经挂脏、无力，建议及时捞出已经上浮的水草，同时使用增氧型"底改"或增氧剂及时改善底部环境、净化水质，避免水草腐烂后恶化水质、底质，影响河蟹体质及其蜕壳。

7. 水草萎缩不长

（1）主要原因

缺乏营养或药残中毒引起。

（2）处理方法

①如由缺乏营养引起，及时少量多次外泼氨基酸肥料补充水草营养，促

进水草生长。

②如是药残中毒引起，进行针对性解毒。

8. 苦草（水韭菜）上浮

水韭菜上浮分为两种情况，带根上浮和不带根上浮。

（1）带跟上浮

原因：水韭菜根部扎根不紧，同时池塘养殖对象活动量太大。

处理：多补充根部营养，建议定期使用"草得力"提高水草根部扎根力度；同时加强日常管理，减少养殖对象的应激反应。

（2）不带根上浮

原因：被河蟹（龙虾）夹断起来的。

处理：根据河蟹夹水韭菜的可能原因，作出相应处理方案。

①投饵不足的，适当增加投喂量。

②应激过大的，全池泼洒 Vc 和葡萄糖。

③缺少某些维生素，可以适当投喂"冰鲜鱼"或"螺蛳"，内服复合维生素。

六、日常管理及注意事项

1. 日常管理

坚持每天早、晚各巡塘 1 次，仔细查看河蟹蜕壳生长、吃食、病害、敌害、水质、水草生长等情况，发现问题及时采取针对性措施。特别在台风、暴雨等异常天气情况时，要仔细检查防逃设施、进排水设施是否完好，如有损坏，及时修补；做好水质调控，减缓应激反应。

2. 注意事项

（1）换水注意事项

控制每次的换水量，避免大排大灌造成环境巨变，产生应激反应。每次换水量为池水的1/10，采用边排边进的方法换水，宜小排小进，进水时必须采用80目筛绢网过滤，以防敌害生物进入。注意：脱壳期不能换水。

（2）用药注意事项

药物防病治病方面，应根据不同的环境条件下（如水温或pH值高、低等），科学合理地用药。用药前要关注药品的成分、含量、质量、使用剂量和方法及相关生产的厂家，把握好剂量。坚持"防重于治"的原则，在防病用药时机上遵循"四不用"原则，即"脱壳期间不用、水质不好不用、天气不佳不用、吃食不正常不用"。坚持以规范生产管理，调控水质，防止应激反应、提高养殖品种免疫力作为防病的根本。

（3）生物制剂使用注意事项

根据不同水质状况选择不同的生物制剂，使用时要注意天气情况、使用方法、用量等，要了解生物制剂是好氧菌还是厌氧菌，如是好氧菌特别要注意蟹池溶解氧情况，要在天气晴好、水质状况良好的状况下使用。用后必须加强增氧，千万不要在阴雨天或水质状况不佳等池塘溶解氧低下时使用，防止由于缺氧引起不必要的损失。

（4）肥料使用注意事项

蟹池施肥以基肥为主，以"前氮后磷、少量多次"为原则，做到"基肥要早、追肥要少"，蟹池一般在5月20日后不再使用肥料。有机肥下塘后大量耗氧，必须在天气晴好、水质状况良好的状况下使用，每次的使用量要小，用前、用后必须加强增氧，千万不要在阴雨天或水质状况不佳等池塘溶解氧低下时使用，防止由于缺氧引起不必要的损失。

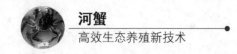

七、病害防治

遵循"预防为主、防治结合"的原则，坚持生态调节与科学用药相结合，预防和控制病害的发生（图4.14）。全年着重抓住以下几个阶段：4月底至5月初，采用硫酸锌或甲壳爽等杀纤毛虫1次，相隔1~2天后，用生石灰对水体进行杀菌消毒；6—7月，每半月交替使用生石灰和漂白粉消毒；8月中旬使用碘制剂对水体进行杀菌消毒；9月中旬，采用硫酸锌杀纤毛虫1次。特别要注意的是，高温季节加强药饵投喂，每个月坚持投喂添加1%"三黄粉"或"大蒜素"等中草药的药饵，连续投喂7~10天，防止肠炎等疾病发生，增强河蟹体质，提高机体免疫力。

图 4.14　病害防治

八、捕捞收获

捕捞时间建议在 10—12 月，各地可根据当地消费习惯和市场行情等情况略有调整。捕捞工具为地笼（图 4.15），捕捞方法主要为地笼张捕，如上市量不大也可晚上徒手捕捉。地笼放置时间（笼尾扎紧时间）应根据天气和捕捞量适当调整，建议 6~8 小时将地笼中河蟹取出，捕捞旺季应关注地笼里河蟹数量，如数量过多，应及时将河蟹倒出，以免数量过多造成局部缺氧死亡。如一个地笼每天捕捞量少于 1 千克时，说明塘中河蟹数量不多可考虑干塘捕捉。

图 4.15　成蟹捕捞工具——S 地笼

九、商品蟹暂养

捕捞后的河蟹应放入设置在水质清新的大塘中的网箱内，须经 2 天以上的网箱暂养（图 4.16），经吐泥滤脏后方可上市销售。暂养区可用潜水泵抽水循环，或使用水车式增氧机，以加速水的流动，增加溶氧。暂养后的成蟹，分规格、分雌雄、分袋包装。

图 4.16　成蟹暂养

第二节　稻田稻蟹综合种养技术

　　稻田养蟹是提高稻田利用率的高效生态综合种养模式，我国在稻田中实行种养结合，有着悠久的历史。稻田养蟹在基本不影响水稻产量情况下，可以增收一定数量河蟹，大幅度增加稻田收入，是一种典型循环农业模式。稻蟹共生，稻田中的病虫害、杂草明显减少，基本不用药、化肥，生产的水稻、河蟹质量好，生产成本低；同时，水稻有利于河蟹隐蔽、蜕壳和生长，河蟹成活率高、产量稳定、品种优良，可以实现蟹、稻双丰收，社会、经济、生态效益显著。

一、稻田的选择与田块整理

1. 稻田的选择

　　稻田养蟹要选择：水源充足、排灌通畅、水质无污染、符合渔业水质标准，交通便利、地势平坦、保水力强的田块。稻田面积大小不限，一般以

10~30 亩为宜（图 4.17）。低洼地、中低产田进行稻田河蟹养殖，增效效果更加明显。

图 4.17　标准化河蟹稻田养殖

2. 田间工程

田块整理包括开挖暂养池、蟹沟，加固稻田堤埂和防逃设施。暂养池主要用来暂养蟹种和收获商品蟹。有条件的可利用田头自然沟、塘代替，面积 200~300 平方米，水深 1.5 米左右。蟹沟一般在稻田的四周距离田埂 1.0~1.5 米开挖，沟宽 1.0~2.0 米，沟底宽 0.5 米，深 0.6 米，可开成"十"、"回"、"井"字形，面积大的稻田可多开沟，沟的总面积以占稻田面积的 8%~15% 为宜。如养殖目标产量较高，可适当提高沟的比例，暂养池必须与蟹沟相通。为满足机械作业需求，可留 5 米左右机耕作业通道，作业通道下用水泥管作为涵洞与沟相连，保证水的循环、畅通。有进排水设施，进、排水口对角设置，进排水管道用筛绢网包好，经常检查并适时更换。堤埂加固夯实，高度离田面不低于 50 厘米，顶宽不少于 100 厘米。防逃设施建设同池塘养殖，田块工程应在苗种放养前完成。

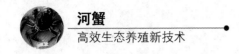
二、放养前准备

1. 消毒

田块整理结束，每亩用生石灰 50~100 千克化水全田泼洒，以灭杀病菌，补充钙质。如为盐碱地田块，则改用漂白粉消毒，使稻田水中的漂白粉浓度为 20~30 毫克/升。

2. 施肥培水

以有机肥和生物肥为主，不用或少用化肥。通常在稻田插秧前 10~15 天进水泡田，进水前每亩施 130~150 千克腐熟的农家肥和 10 千克过磷酸钙作基肥。进水后整田耙地，将基肥翻压在田泥中，最好分布在离地表面 5~8 厘米。

3. 蟹沟种草、放螺

蟹沟加水后，用生石灰清池消毒。2 月中下旬，在沟中栽种水草，一般为伊乐藻，也可以根据不同地区种植一些当地品种，水草是利于幼蟹的栖息、隐蔽、生长和蜕壳。种植水草，是提高蟹种成活率的关键措施。清明前，每亩投放螺 100 千克。

三、蟹种放养及暂养池管理

蟹种放养规格、质量要求同池塘养殖。每亩放养蟹种 300~500 只，为防止蟹种对刚插的稻秧的破坏，蟹种可先在稻田暂养池和环沟内暂养，蟹种密度不超过 3 000 只/亩（按暂养面积计算），有条件的亦可专池暂养。放养时要注意均匀分散投放，以避免过于集中，而引起自相残杀，降低成活率。

暂养期投饵量每天按河蟹体重的1%~3%投喂，7~10天换水1次，换水后用高效低毒的消毒剂消毒水体，或用生物制剂调节水质，预防病害。经过一段时间的强化饲养管理，待秧苗栽插20天后再加深田水，让河蟹进入稻田生长。有专门暂养池的，将蟹种捕捞出池放入稻田中，捕捞要避开河蟹脱壳高峰期。

四、河蟹的日常管理

1. 饲料投喂

在养殖前期（2月下旬至6月上旬），饵料品种一般以蛋白含量在38%以上的配合饲料为主适当辅以动物性饵料。养殖中期（6月中旬至8月中旬），饲料以植物性饵料为主，搭配少量颗粒饲料（蛋白质30%左右），适当补充动物性饵料，做到荤素搭配、青精结合。养殖后期（8月下旬至捕捞）是育肥阶段，多投喂动物性饲料或优质颗粒料（蛋白质38%以上），比例不少于50%。稻田养蟹要坚持精、青、粗饲料合理搭配，玉米、麦粒、豆粕必须充分浸泡，最好煮熟后投喂；颗粒饲料要求营养全面，水中稳定性需在4小时以上；动物性饲料投喂前应根据河蟹日吃食量多少将其切成相应大小块状，再经3%~5%食盐水消毒处理30分钟后方可投喂。

河蟹的摄食强度随季节、水温的变化而变化，投喂也应灵活掌握。水温10~15℃时，河蟹活动、摄食量减少，可隔天或数日投喂1次。当水温上升到20~30℃，河蟹摄食能力增加，每天投喂1次；河蟹具有昼伏夜出的特性，故投饵应在傍晚前后。5—7月上旬一般投喂动物性饵料占蟹体重5%~8%，或颗粒饲料饲料占蟹体重的3%~5%，具体投喂量应根据稻田水质好坏、天气、剩饵多少等情况灵活掌握确定。养蟹与养鱼不同，蟹的活动范围有限，所以投喂采取全田投喂，沟中适当多投、田间少投。

2. 水质管理

养蟹的稻田，由于水位较浅，应始终保持水质清新，溶氧充足，要坚持勤换水。水位浅时要适时加水，水质过浓时应更换新水。正常情况下保持稻田田面水深在10厘米以上即可，不能随意变化水位或脱水烤田。注意换水时温差不要多大，换水时间早期（3月至6月中旬）下午14:00—16:00换水为宜，高温期间，以凌晨03:00—06:00换水为宜，晚期（9月后）以上午10:00—11:00为宜。4—6月每周换水1次，换水量为1/5~1/10；7—8月每周换水2~3次，每次换水1/5；9月以后每7天换1次，每次换水1/10。

3. 病害防治

同第三章第二节稻田蟹种培育技术。

五、稻田日常管理

1. 施肥管理

养蟹的稻田以施有机肥、施基肥为主，少用或不用化肥，一般在蟹种放养前15~20天加水至田面3~5厘米，每亩施经发酵的有机肥150~250千克和10千克过磷酸钙。在施足基肥后，尽可能减少追肥次数和施肥量，如确实需要追施化肥时，应施尿素、不宜施碳酸氢铵，尿素一次用量不宜超过2.5千克/亩。

2. 科学用药

同第三章第二节稻田蟹种培育技术。

3. 水稻晒田

同第三章第二节稻田蟹种培育技术。

4. 防逃与除害

同第三章第二节稻田蟹种培育技术。

六、河蟹捕捞和水稻收割

通常在水稻收割前 1 周，开始将稻田内的河蟹起捕出售或暂养。

1. 河蟹起捕

河蟹起捕方法有两种，一是利用河蟹夜晚上田埂、趋光的习性徒手捕捉。二是利用地笼网具捕捞，地笼捕捞一段时间后，捕捞量较少时，放干蟹沟中水，然后再冲新水捕捞，反复 2~3 次，河蟹的起捕率可达 95% 以上。

2. 水稻收割

收割水稻时，为防止收割水稻伤害河蟹，可通过多次进、排水，使河蟹集中到蟹沟、暂养池中，然后再收割水稻。

3. 河蟹暂养管理

为延长河蟹养殖期，有时候等水稻收割后，在暂养沟内仍保持九成满的水位，以满足河蟹对水体条件的要求。适量投饲，保持水质良好，加强增氧，做好防逃工作，再根据市场价格适时起捕。

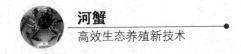

第三节　湖泊网围成蟹养殖技术

网围河蟹养殖应坚持"稀、大、高"模式，即在不影响湖泊生态环境的情况下，在围网区域内少量放养河蟹（稀放），套养鲢、鳙，生产大规格高品质河蟹，达到"以渔养水，以渔治水"的目的，实现生态效益、经济效益双丰收。

一、网围选址及建造

1. 网围养殖区的环境条件

网围养殖区应远离航运要道、风浪平缓、环境安静、水质良好无污染，常年水深保持在 1.0~2.0 米的区域。网围养殖区底质应选择底部平坦的区域，尤以含沙量低的粘壤土为好，淤泥层不宜超过 15 厘米 。网围养殖区的水草与底栖生物应比较丰富，水草以沉水植物（苦草、轮叶黑藻、菹草和黄丝草等水草）为主，底栖生物应以螺蛳为主（图 4.18）。湖泊网围养殖区的选址与建设，应经该湖泊渔业、水利、交通等管理部门的同意。

图 4.18　标准化河蟹网围养殖

为保护湖泊生态环境，围网养殖一是要规模控制，围网面积应不高于湖泊总面积的 5%；二是要放控制养密度，优化放养结构。真正做到不追求高产，亩总产量控制在 150 千克以内，以滤食性水产品为主，不投喂或少投喂人工饲料，注重经济效益与生态效益并举、生态效益优先的原则，最终达到"以渔养水、以渔治水"的目的。

2. 网围设施建设

（1）建设材料

建造网围的材料因当地的材料来源及经济基础而有所不同。但总体上来看，建造网围所需的材料主要有：3×3 聚乙烯网线制成的网片，网目 2～3 厘米；竹片；1.5～2 毫米的聚乙烯单丝织成的网布；硬质塑料布、毛竹或树桩、小石头、铅丝、20×3 聚乙烯绳、钢丝等。网围建造的形状，可根据湖泊水域地形自行决定。如果是规模化连片宜采用矩形，每个网围养殖面积以 20～50 亩为宜。如有条件，可在网围养殖区的外围或适当位置，搭建简易生产、生活棚，也可使用船只。

（2）网围安装

根据网围建造用料不同，网围建造主要有聚乙烯网围和竹箔网围两种形式，但无论何种网围形式，均应注意网围高度的设置，围网高度必须高于设置区水体常年水位 1.5 米以上。如网围设置区水位变化较大，可适当加高网围的高度。此外，为防止洪水及高水位影响网围，还应该备有足够的应急备料。

聚乙烯网围的建造方法为：先按设计网围面积，用毛竹或木桩全部插入泥中，桩距 2～3 米（如当地风浪较大，可适当缩小网围桩距），显出围址与围形。然后将聚乙烯网片装上两道纲绳，下纲装配成直径为 15 厘米左右的石笼。沿着竹桩将装配好的网片依序放入湖中，下纲采用地锚插入泥中，底纲

石笼踩入底泥深度不得小于 20 厘米。如当地风浪较大，可适当加大石笼插入泥中的深度。为防止网围养殖河蟹外逃，上纲应缝制 40 厘米高的倒檐防逃网。网围养殖采用双层网围，外层可用 9 号网，内层通常用 10 号网，内外围网间隔 5~20 米。

竹箔网围的建造方法为：用聚乙烯绳作横筋，将宽 0.8~1.2 厘米竹片，编结成竹箔。竹箔网围的竹（木）桩使用同上，将编结好的竹箔固定在桩上。箔块之间搭缝应结牢，箔下端插入泥中 15 厘米以上，上端装置 40 厘米高的硬质塑料布，以作防逃用。

二、放养前准备

1. 围网清野

网围养殖区进行清野除害工作十分重要。网围清野除害工作，应选择蟹种放养前风平浪静的天气；清野除害方法可采用电捕、地笼和网捕除野等方法相结合，力求将网围区内的敌害生物"消灭干净"。

2. 水草栽种

水草栽种时间宜选每年的 1—3 月，水草种类以伊乐藻、轮叶黑藻等沉水植物为主，也应搭配种植一些黄丝草、聚草等种类。

水草的种植方法：伊乐藻采用茎插法，将 30~40 厘米草茎 15~20 株扎成一束用竹子其栽插到湖底 5 厘米，伊乐藻在苗种放养前栽种。轮叶黑藻栽种一般使用芽苞种植，1—3 月是轮叶黑藻芽苞播种期，将芽苞与半湿的泥土混合在一起在沉入湖底。每亩用芽苞 500~1 000 克。2 月底至 3 月初，将苦草种子曝晒 1~2 天后，用水浸泡 12 小时，捞出后搓出果实内种子，与半湿的泥土混合在一起在沉入湖底，每亩用菜籽 500~1 000 克。轮叶黑藻、苦草"发棵"

迟，必须种植在水草护养区，待6月底7月初水草旺发，形成较大生物量时后再撤去围网，让蟹进入。

3. 螺蛳投放

螺蛳，对于河蟹的生长、养殖水域环境的改善起着至关重要的作用。各地可根据网围内底栖生物量和蟹种放养量等情况，在网围区投放一定量的活螺蛳，一般每亩网围投放量为200~300千克。螺蛳投放方式，可采取2次性投入法或多次投入法。2次性投入法为，清明节前每亩网围一次性投放活螺蛳100~150千克，8月每亩补放100~150千克；多次投入法为清明节前每亩先投放50~100千克，然后5—8月每月投放活螺蛳30~50千克/亩。如螺蛳来源方便，建议采用多次投放。

三、苗种放养

1. 蟹种放养

蟹种质量、规格要求同池塘成蟹养殖，放养密度为300~500只/亩。蟹种放养前，先进行吸水"缓苗"，再用3%~4%食盐水溶液浸洗消毒5~10分钟后方可放养，放养时间每年的2月中旬至3月初。为保护网围养殖区人工种植的水草，可在大网围区采用密眼网布圈围一面积为总面积20%~30%的"暂养区"，先将蟹种放入蟹种"暂养区"进行强化培育，待蜕壳1~2次后再放入大网围。大网围也可用网片分隔成3~5块，根据河蟹的生长逐步利用水草，每隔1个月左右的时间逐渐拆除一块网片，直至全部拆除为止。

2. 其他苗种放养

为充分利用水体和调节水质，每亩搭配放养规格为150~250克/尾花、

白鲢 30~50 尾，花、白鲢放养比例为 2∶1，放养应在 3 月上旬前结束。5—6
月每亩放养 5 厘米以上的鳜鱼苗种 10~15 尾。鱼种要求规格整齐、体质健壮、
鳞鳍完整、无寄生虫，鱼种放养前要经 3%~5% 的食盐水溶液浸泡消毒 10~
20 分钟。

四、饲养管理

1. 饲料投喂

河蟹饲料主要有配合饲料、植物性饲料和动物性饲料，以颗粒饲料为主，
其他饲料为辅。

网围养殖的河蟹饲料投喂的总体原则为"二头精、中间青"，具体做法
为：6 月中旬前，以高质量颗粒饲料（蛋白质含量 40%~42%）和新鲜的小杂
鱼为主，保证河蟹脱好第一次壳，促进河蟹快速生长；6 月下旬至 8 月中旬，
水温升高，以蛋白质含量 28%~32% 颗粒饲料为主，辅以适量的玉米、小麦
等植物性饲料；8 月下旬至 10 月中旬，以高质量颗粒饲料（蛋白质含量
38%~40%）和新鲜的小杂鱼为主。投喂量以蟹重的 3%~6% 为宜，每天
16:00—18:00 投喂 1 次，全围网均匀泼洒投喂。特别注意的是，动物性饲料
应保持新鲜，腐败变质饲料不能用，投喂前按河蟹规格、气温、水质等情况
切成约 1 天摄食量重量的小块，防止过大造成浪费。动物性饲料使用前还必
须用 3%~5% 食盐消毒处理 20~30 分钟后方可投喂。

2. 溶解氧管理

围网养殖的溶解氧管理，关键是保持围网内水流畅通，主要是注意清除
污物、腐烂的水草等。平时要注意清扫围网网衣，防止网眼堵塞影响水体交
换。另外，由于围网养殖在浅水区进行，有时会出现水草过于旺盛、密集，

影响水体交换的现象，此时应注意清除过多的水草，若清除难度较大，可每隔20~30米开设一条宽2米左右的通道，以保证水体交换畅通。

3. 日常管理

网围养殖日常管理工作相当重要，在养殖季节应经常清除网围内的杂物，如烂草、蟹壳等。外层网围也应定期清除杂物，以防堵塞网眼，影响网围内外的水体交换。特别注意的是，在河蟹蜕壳期，应保持养殖环境的相对稳定，减少饲料投喂量，增投新鲜动物性饲料。如网围网内水草不足，应适时增设水草草把，以利河蟹附着蜕壳。

在养殖过程中每天应进行巡网检查，巡网检查要仔细认真，可结合每天的投喂饲料工作同步进行。每天投喂饲料时巡查网围1周，检查网围的安全，同时，也对养殖河蟹的摄食生长状况进行了观察。

网围的防洪、防逃十分重要，应在两层网围之间及网围外设置地笼，每天检查地笼内是否有河蟹进入，如发现地笼内有蟹，应对水上、水下网围设施情况进行全面检查，发现情况立刻修补围网设施。尤其在汛期和异常气候期间，应密切注意水位上涨情况，检查网围的破损情况，及时修补破损网片或增设防逃网。另外，要及时打捞水草、垃圾等漂浮物，防止漂浮物随着水流将围网推倒。特别强调的是，在洪水期应在围网区设置若干个5~10平方米大小的水花生块人工"安全岛"，供河蟹洪水期附作物，"安全岛"用毛竹和绳固定好，防止随水流漂浮。

4. 疾病防治

网围养殖是在敞开式水域中进行，河蟹一旦发病较难控制，所以必须坚持"预防为主"的原则。

（1）把好蟹种质量关

坚决不从蟹病高发区购买蟹种，有条件的最好自己培育蟹种，蟹种投入围网区前应消毒。

（2）做好消毒工作

每隔 15～30 天，选择风平浪静的天气每亩用 15 千克生石灰或 1 千克漂白粉化水泼洒消毒。

（3）科学投喂

保证饲料质量，以优质颗粒饲料为主，科学投喂，不过量投喂，不投喂变质饲料，减少因残饵腐败变质对网围水体环境的不利影响。动物性饲料投喂前，在动物性饲料中拌入 2%～3% 食盐，放置 20～30 分钟，再投喂。定期使用药饵投喂，每个月坚持投喂含 1% 中草药的药饵 7～10 天，防止肠炎等疾病发生，增强河蟹体质，提高机体免疫力。

五、捕捞与暂养

及时捕捞。围网养蟹应比其他方式养蟹提前捕捞，一方面水温低时捕捞难度大，另一方面秋后河蟹更喜逃逸。围网防逃效果毕竟有限，捕捞过晚会增加逃逸的机会。适宜的开捕时间为 9 月中下旬，要力争在河蟹生殖洄游季节前将其捕完，然后暂养上市。可采用刺网、撒网、蟹簖（迷魂阵）及地笼等多种方式相结合的方法进行捕捞，尽量捕捞干净。

第五章
河蟹的病害防治

在自然生态条件下，河蟹具有较强的生命力和抗病力。但在人工高密度养殖条件下，如管理不当，河蟹生存环境条件恶化，病原体大量孳生、蔓延，传染性疾病暴发。因此，在人工养殖条件下，应加强养殖生态环境的调控和实行科学投喂，使河蟹生活在一个较好的环境里，避免应激反应，提高体抗力，减少病害的发生。

一、蟹病发生的原因

人工高密度精养河蟹条件下，具有其特殊应变性和及其较窄的缓冲性，如果人工生态环境不适应河蟹的生存要求，河蟹所具有的一些生活习性得不到发挥和利用，河蟹病害发生的可能性就会大大增加。

1. 生态环境条件的影响

在自然条件下，由于河蟹种群密度较少，其本身抗病力强，一般患病较少，即使患病也不可能大量传染。而在人工养殖环境中，河蟹种群密度较大，需要大量投喂，残饵和排泄物大量沉积在池底，腐败后会使池水变质，从而

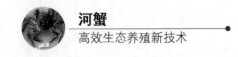
导致病原体大量孳生、蔓延，传染性疾病暴发。

水温、溶解氧、pH 值等环境因子的急剧变化，会导致河蟹产生应激反应，造成其生理机能失调而生病。如养殖池塘的水位或水草覆盖率等不当会造成水温、pH 值过高或过低，重则危及河蟹的生存，轻者会影响河蟹的食欲，导致体质消瘦、抗病力降低等。

2. 病原体的侵袭

病原体的存在，会引起河蟹的新陈代谢失调，发生病理变化，扰乱河蟹的生命活动，酿成疾病。造成病原体侵入的原因有多方面，主要表现在：

①蟹池消毒不彻底，病菌和寄生虫未完全杀灭，河蟹感染了病原体而导致发病。

②蟹种引入时，未进行检疫和消毒，带进了病原体，导致河蟹发病；或蟹种起捕、暂养、运输、放养过程中操作粗糙，导致蟹体受伤，易遭病菌侵入。

③放养密度过大、投喂不足或放养规格大小不整齐，河蟹缺乏足够的活动范围，加剧了河蟹的相互争斗、撕咬，导致蟹体受伤，病菌侵入而发病。

④更换池水时，不慎引入含有大量病原体的污染水源。

⑤使用了变质饲料。动物性饵料变质或使用前未进行消毒处理，或颗粒饲料放置时间过长而变质，导致病菌带入而发病。

3. 饲养管理不善

饲料投喂不科学，随意性大。一是过量投喂，造成大量残饵，导致水质恶化，引起氨氮、亚硝酸盐中毒；二是换水、用药、增氧等日常管理不规范，大排大灌、盲目用药和不能科学及时地增氧等原因造成水体环境巨变，引起河蟹应激反应，抵抗力下降。

4. 蟹种质量问题

不同水系的蟹种，在养殖实践中表现出抗逆能力是有差别的，长江水系的河蟹被认为生长性能最佳；而同一水系的河蟹，如果不注重选育，近亲繁殖，也会导致种质退化，子代生长速度、抗病力等生长性状下降。

综上所述，河蟹致病的原因是多方面的，只有将河蟹生活环境，致病菌的情况以及河蟹种质等因素综合起来进行分析，有的放矢地采取措施，才能有效地控制疾病的发生。对已致病的河蟹，应正确地诊断病症，对症下药，以获得理想的治疗效果，最终取得满意的养殖效果。

二、蟹病的预防措施

做好蟹病的预防工作，是提高河蟹养殖成功的重要措施之一。河蟹生活在水中，与陆地动物相比，一旦生病，诊断难，给药难，治疗效果差，一般来讲除体表的一些寄生虫、细菌引起疾病可以较好的治疗，而身体内部如肠道、肌肉内疾病治疗效果较差。

虽然体表的寄生虫和细菌相对比较好治疗，但大部分病虫害在河蟹体内，需用内服药治疗，但这些内服药只能由河蟹主动吃入才有效。然而，当河蟹病情较为严重时，已失去食欲，即使有特效药物，也不能达到治疗效果；尚能吃食的病蟹，由于抢食能力差，往往无法吃到足够的药量而影响疗效。因此，当发现河蟹生病再进行治疗，实际上是"临时抱佛脚"的防治，只能对那些没有生病的河蟹进行预防，而那些已经患病的河蟹，因不能足量摄食药饵而死亡。多年来的生产实践证明，河蟹养殖只有贯彻"预防为主，生态防控"的方针，在选用良种的基础上，加强预防措施，注重消灭病原，切断传播途径；强化河蟹养殖生态环境营造，做好水质调控，维持水质的稳定、良好，降低河蟹应激反应；加强饲料营养，提高机体抗病力。只有采取全面的

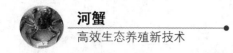

综合防病措施，才能收到预期的防病效果。

1. 蟹种选择与消毒

优质蟹种是健康养殖的前提与基础，优良蟹种必须具有以下几个特征。一是种质好，选用经选育的良种亲本（如"长江1号"河蟹、"长江2号"河蟹）繁育的大眼幼体培养而成的优质大规格蟹种。二是规格佳，规格在100~140只/千克，大小一致。三是体质好，肢体完整、活力好、体质佳，不带病菌。

做好蟹体消毒可有效杀灭附着在蟹种体表的各种病原体，降低发病率。在蟹种下池前要用合适的药物进行消毒处理，常用5毫克/升（以有效碘计）聚维酮碘溶液浸泡，或10毫克/升漂白粉溶液浸泡；消毒时间根据蟹种的大小、体质、温度及所用药物的安全浓度，灵活掌握。

2. 生态环境营造

根据河蟹的栖息习性，创造一个适宜河蟹生长的生活环境，保持环境稳定、良好，规范生产管理，降低和避免河蟹应激反应，是做好蟹病预防工作的主要技术措施，具体措施有以下几个方面：

（1）蟹池条件

蟹池构造要合理，坡比为1：2.5~3.0；要有一定比例的深水区和浅水区，满足河蟹的栖息习性和对水温的要求。蟹池的水源要方便、水质清新无污染，附近没有污染源。每个蟹池都能独立地从进水渠进水，并能独立地将污水排入排水渠，以免各个河蟹池的水相互串联，引起蟹病蔓延。

（2）营造良好的生态环境

采用生物、物理方法改善生态环境，河蟹的排泄物和残饵腐败分解产生氨，妨碍河蟹的生长发育，它们还是各种致病菌孳生、蔓延的基质和媒介。

实践证明，科学投喂，在蟹池栽种一定数量水草，投放一定数量螺蛳，并搭配少量滤食性鱼类，可起到净化水质的作用，大大降低蟹池有害物质的浓度。

（3）加强水质调控

近年来，光合细菌、EM 菌、芽孢杆菌等微生态制剂在河蟹养殖生产中广泛应用，已充分显示出利用有益微生物来处理水质，抑制病原微生物孳生卓有成效。生产中，应根据水质状况不定期泼洒水质改良剂或底质改良剂，改善水质和底质。

河蟹习性底栖生活，池塘底部状况的好坏对其生长影响极大。应推广微孔增氧技术，在池塘底部构建"人工肺叶"增氧网络，提升蟹池整体溶氧水平。特别是，夜间底层溶氧明显提高，消除了"氧债"，水体自净能力得到加强，物质能量良性循环，水体理化指标保持良好和稳定；微生物生态平衡，有效地抑制了致病菌大量滋生，减少病害因子，提高河蟹了生长速度、成活率和饲料的利用率。

3. 控制杀灭病原体

病原的存在是蟹病发生的根本原因，消灭和减少病原是做好蟹病预防工作的主要内容之一，主要措施如下：

（1）加强苗种检疫

从外地引入亲蟹或蟹种时，应严格把关，检验合格后方可引入。首先，要对蟹种生产区疫情有清楚的了解，不能从疫情严重的地区引种；其次，要严格挑选，把伤、残、病蟹拒之门外，发生病情应立即隔离，防止疾病蔓延。

（2）把好清塘消毒关

清塘消毒是控制环境病原体的基础工作。蟹池经长期的投饵、施肥，积累了大量的残饵和排泄物，底层严重缺氧，大量有机物无法氧化分解，导致病原体的孳生繁衍。因此，利用养殖冬闲期彻底清淤、晒塘、清塘消毒就显

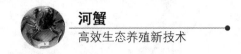

得特别重要。清淤是保持底层淤泥 10 厘米左右，清除过多淤泥；晒塘，排干池水，曝晒 15 天以上至池底出现裂纹；清塘，一般可用生石灰（75 千克/亩）干法清塘或漂白粉 25 千克/亩带水 20 厘米清塘。必须强调指出的是，清塘的生石灰必须是块状品，切不可使用已潮解的消石灰或水解好的熟石灰。漂白粉在应用前要测定一下有效氯的含量，使用剂量必须计算准确，使用时操作者要注意防护以确保安全。

（3）定期消毒池水

养殖期间随着河蟹的排泄物增多而恶化，硫化氢、亚硝酸盐、氨氮增高，使病原微生物等大量萌发，所以必须做好定期消毒工作。池水消毒目前常用药物有生石灰、漂白粉、强氯精、碘制剂等，生产中常用漂白粉与生石灰交替消毒，效果较好，但应注意使用程序，漂白粉泼洒 7 天后再用生石灰或两者交替使用，比较合理。

（4）饲料保存与消毒

投喂的饲料应保持新鲜、清洁。颗粒饲料要保存在通风、干燥处，不要靠墙堆放，要避免阳光照射，同时要注意保质期，一般生产 6 周内使用完毕。动物性饲料要求新鲜、不变质，使用前需采用 10 毫克/升的二氧化氯溶液浸泡消毒 10~20 分钟，或用 3%~5% 食盐水中浸泡消毒 5~10 分钟。消毒后的饵料，均应采用清水浸洗清洗后投喂。

（5）工具消毒

养蟹管理中的工具因直接和养殖对象接触，往往是河蟹病传播的媒介。因此，发病蟹池所用的工具应与其他蟹池使用的工具分开，避免将病原体从一个蟹池带到另一个蟹池。如果工具缺乏，无法分开时，应将发病蟹池的工具采用 20 毫克/升的漂白粉消毒处理后再使用。大型工具可在阳光下曝晒后使用；平时应保持工具清洁，做好定期消毒工作。

4. 降低应激反应，增强蟹体抗病力

天气骤变、生产操作（苗种捕捞、运输，换水等）不当、投入品（药物、微生物制剂、饲料）使用不当等原因造成环境巨变，引起河蟹的应激反应，长期处于应激状态的河蟹抵抗力下降，病害易发。必须将预防和降低应激反应作为病害防治和水质调控重点来抓。主要在溶解氧、pH 值、温度等方面，进行有效的管控，特别是异常天气水质管理尤为重要，防止骤变，造成应激反应。

（1）保持蟹池较高的溶氧，防止低溶氧综合症

蟹池溶解氧高低，关系到河蟹生长速度、抗病能力、饲料利用率等，溶解氧也是蟹池生态系统物资能量循环的动力，因此蟹养得好不好与池塘溶解氧有非常大的关系。蟹池中水草和浮游植物是蟹池溶解氧主要生产者和消费者，维持适当的水草覆盖率和透明度是非常重要的。

一是维持适度的植物数量。透明度在 30~50 厘米（前期 30 厘米，中期 40~50 厘米，后期 40 厘米），水草覆盖率保持在 50%~55%；在适度的人工增氧情况下，既可以保持水体较高溶解氧，又可以防止溶解氧昼夜变化太大。

二是科学增氧。每天 22:00 至第 2 天天亮后 1 小时，高温季节（7—9 月）21:00 至第 2 天天亮后 1 小时增氧。阴雨天气连续增氧，晴天中午增氧 1~2 小时。确保蟹池水体溶解氧在 5 毫克/升以上。

三是科学投喂、合理施肥。确定以颗粒饲料为主的全年饲料投喂方案，投喂以"八成饱"为标准，禁止过量投喂，尤其温度高时，水质容易变化。因此，饲料宜少荤多素，以投喂 30%左右的颗粒饲料为主，少量投玉米、小麦等植物性饲料，防止因投喂高蛋白饲料引起水质变化。雨前减少投喂、雨中停止投喂、雨后逐步正常投喂。合理施肥，以施基肥和前期追肥为主，施肥基本原则为"前多后少、前氮后磷、新（塘）多老（塘）少"，肥料用前

要处理（发酵、挥发、消毒、分解），池外处理。追肥要在晴天中午进行，并做好增氧工作，5月中旬后，一般不需要施肥。

（2）维持适当的pH值，防止酸碱应激

pH值的管理是水质管理一个非常重要的环节，pH值与分子态氨、硫化氢占比密切关联。pH值管理主要抓住2个环节，一是每年6—7月的梅雨期，大量雨水（雨水呈酸性）夹带着泥沙进入池塘，造成pH值下降、水位上升、透明度下降，易引发藻类、水草的大量死亡，因此，要及时排水，保持水位稳定，使用生石灰调控pH值，2.5~5.0千克/亩，化水全池泼洒。二是7—8月高温季节，光照强度大，温度高，蟹池中pH值总体偏高，日变化大，可采用少量换水，定期使用果酸类生物制剂调控pH值，或使用正常用量1/2~1/4漂白粉等氯制剂调控。需要特别提醒的是：高温期间连续晴天不可以使用生石灰。以上两个环节如处理不当，河蟹易产生应激反应，造成病害发生。

（3）强化水温管理，促进正常生长

高温期管理。加深水位，1.0~1.2米；适度换水，每次换水10~15厘米，每星期换水2~3次，换水时间应选择03：00—06：00（此时表层水温低于底层），排出底层"高温缺氧水"，注入表层"低温高氧水"；保持水草覆盖率在50%~55%，如不足，可在池塘中设置5%左右网围区，在网围区投放浮萍。

春季水温管理。早春气温低、气温变化大，应加强养殖管理。管理重点一是提高水温，争取河蟹、青虾早开食，主要措施为：维持适宜水位（50~60厘米）；保持一定的肥度，透明度控制在30~35厘米；换水时间应选择在中午12：00—14：00，适量排出下层"低温缺氧水"，注入"表层高温水"。二是稳定水温，防止因"倒春寒"引起水温骤变，密切注意天气预报，如遇寒潮，应提前分多次将水位调整到70~80厘米，并适度施肥，降低透明度，增加蟹池保温效果。

三、科学用药

1. 药物选择

目前，河蟹养殖中所使用的渔药及相关制品主要有消毒剂、驱杀虫剂、水质（底质）改良剂、抗菌药、中草药等5大类。

（1）消毒剂

消毒剂的原料大部分是一些化学物质，常用的主要包括生石灰、含氯消毒剂（如漂白粉、三氯异氰尿酸、二氧化氯等）、含溴消毒剂（如溴氯海因、二溴海因等）和含碘消毒剂（如聚维酮碘、双链季铵盐络合碘）等，其他类型的消毒剂，如醛类消毒剂（如甲醛、戊二醛等）、酚类消毒剂也有一定的应用。

消毒剂可杀灭水体中的各种微生物，包括细菌繁殖体、病毒、真菌以及某些细菌的芽孢，但这种杀灭是没有选择性的，会同时对河蟹产生一定的刺激与伤害。如果使用消毒剂不当，还易导致养殖水体中正常的微生态结构发生紊乱，给水环境造成不利影响，使用过程中应加以避免。

（2）驱杀虫类

驱杀虫类渔药具有较广的杀虫谱，对寄生于河蟹体表或体内的各类寄生虫均有较好的杀灭效果。这类渔药主要包括有机磷类、拟除虫菊脂类、咪唑类、重金属类以及某些氧化剂等，绝大部分的这类药物都是由农药转化而来，多次泼洒极易导致药物污染，特别是对于毒性较大的农药驱杀虫剂的使用务必慎之又慎，使用后要用果酸、腐殖酸钠等解毒剂解毒。

（3）水质或底质改良类

这类制剂在河蟹养殖实践中的使用也较为普遍，除了一些化学物质（如沸石、过氧化钙等），大部分是一些微生态制剂，应用较多的有乳酸菌、芽孢

杆菌、酵母菌、光合细菌、芽孢杆菌、硝化细菌、反硝化细菌、EM 菌等。

使用中需要注意的是，各类微生态制剂均需在合适的环境条件下才能发挥作用，只有在满足其生理特性需求的水体中才能正常地繁殖与生长，才能发挥其有限的作用。因此，在微生态制剂的使用中应本着"因地制宜"的原则，应选择合适的菌剂，避免盲目泼洒，否则将有可能导致这些池塘中固有的微生态群落结构发生改变，甚至引起池塘微生态群落多样性的消失，需加以重视。

另外，需要提醒的是，大部分微生物制剂是好氧菌，下塘后需要消耗氧气，也只有在氧气充足情况下它才能迅速的增殖，所以使用前一定要搞清楚是厌氧菌还是好氧菌、兼气菌。如果是好氧菌，一定要在晴天使用，否则，不仅没有效果，还会起负面作用。

（4）抗菌类

抗菌类渔药是指用来治疗河蟹细菌性传染病的一类药物，它对病原菌具有抑制或杀灭作用。从这类渔药的来源上可以分为天然抗生素（如土霉素、庆大霉素等）、半合成抗生素（如氨苄西林、利福平等），以及人工合成的抗菌药（如喹诺酮类、磺胺类药物等）。在河蟹养殖过程中要适时检测并掌握病原菌的耐药状况及其对各种抗菌药物的敏感性，根据药物的种类和特性，决定药物的轮换使用；避免低剂量连续使用某种药物而导致病原菌抗药性的产生。

（5）中草药类

中草药是指以防治河蟹疾病或改善河蟹健康状况为目的而使用的经加工或未经加工的药用植物，常用的有大黄、黄柏、黄芩、黄连、乌柏、板蓝根、穿心莲、大蒜、楝树、铁苋菜、水辣蓼、五倍子、菖蒲等。生产中主要将其作为预防疾病的药物，在使用过程中应杜绝一切凭经验、凭想象的做法，根据其药用机理、毒副作用等合理施用。

2. 给药途径

（1）口服法

口服法用药是疾病防治中一种重要的给药方法，此法常用于河蟹体内病原生物的消除、感染的控制、免疫刺激、体内代谢环境改善等。施用量要适中，避免剩余，同时，每次施用时应考虑到同池其他混养品种。

（2）药浴法

药浴法有全池遍洒和浸洗法两种，遍洒法是疾病防治中最为常用方法，主要用于河蟹体表消毒杀菌、杀虫；浸洗法用药量少，可人为控制，主要在运输河蟹苗种或苗种投放之前实施。药物浓度和药浴时间应视水温及河蟹忍受情况而灵活掌握，发现蟹（种、苗）有不适症状，立即放养。

（3）悬挂法

具有用药量少、成本低、简便和毒副作用小等优点，常用于预防疾病。这种方法河蟹养殖中使用较少。

3. 给药剂量

（1）外用给药量的确定

根据河蟹对某种药物的安全浓度、药物对病原体的致死浓度而确定药物的使用浓度。

准确地测量池塘水的体积或确定浸浴水体的体积。水体积的计算方法：

水体积（立方米）＝面积（平方米）×平均水深（米）

用药量的计算方法：

用药量（克）＝需用药物的浓度（克/立方米）×水体积（立方米）

（2）内服药给药量的确定

用药标准量：指每千克体重所用药物的毫克数（毫克/千克）；

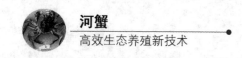
池中河蟹总重量（千克）＝河蟹平均体重（千克）×只数；或按投饵总重量（千克）÷投饵率（%）进行计算；

投饵率（%）：指每100千克河蟹体重投喂饲料的千克数，以%表示；

药物添加率：指每100千克饲料中所添加药物的毫克数。

根据以上的数据，可以从两个方面得到内服药的给药量：

根据河蟹的总体重，给药总量（毫克）＝用药标准量×蟹总重量

根据每日投饵量，给药总量（毫克）＝〔日投饵量（千克）/100〕×药物添加率

特别提示：药物的通常用量是指水温20℃时的用量，水温达到25℃以上时，应酌情减少用量，低于18℃时，应适当增加药量。

4. 给药时机

给药时间一般常选择在晴天上午9:00-11:00或下午15:00-17:00给药，避免高温用药，阴雨天、闷热天气、水质不良、虾蟹脱壳期间不得给药。

5. 用药疗程

疗程长短应视病情的轻重、渔药的作用及其在蟹体内的代谢过程而定，对于病情重、持续时间长的疾病一定要有足够的疗程。一个疗程结束后，应视具体的病情决定是否追加疗程，过早停药不仅会导致疾病的治疗不彻底，而且还会使病原体产生抗药性。内服渔药的疗程一般为4~6天；池塘泼洒药物时，如需连续泼洒2~3次，一般间隔1天施用一次。养殖者应强化渔药使用中的休药期规定意识，遵守渔药休药期的有关规定，避免用药后短时间内将成蟹上市出售。

6. 给药后水处理

一般情况下，使用化学药品，水质均会受到一定的影响，如消毒剂、杀

虫剂会水体杀死部分的浮游生物、细菌，水体的藻相和菌相均会发生变化，容易产生缺氧。所以，用药后要密切关注水质变化、养殖品种的活动状况，加强增氧，使用解毒剂解毒，必要时适当换水、培水，发现问题，立即处置。

四、河蟹常见病害与敌害的防治

我国对河蟹病害的研究起步较晚，与生产需要差距甚远。据初步统计，目前所报道的河蟹疾病有 20 多种，产生较大危害的病害有 10 种左右。下面介绍常见的几种病害预防与治疗方法，需要说明是以下病害治疗方法选用其中一种即可。

1. 颤抖病（图 5.1）

（1）别名
抖抖病、环腿病等。

（2）病因
水草管理不善、放养密度过大、投喂不规范，水质不良、水草缺乏的塘口，易发此病。

（3）症状
发病初期，病蟹四肢尚能伸直，以后便肌肉萎缩，步足不能回伸，病蟹站立不稳，翻身困难，口吐泡沫，行动无力不能爬行，连续颤抖。病蟹无食欲并停止摄食，不脱壳，体内积水，3~4 天后即会死亡。

（4）流行与危害
该病主要危害 2 龄幼蟹和成蟹，发病蟹体重为 3 克以上，100 克以上的蟹发病最高。一般发病率可达 30% 以上，死亡率达 80%~100%，蔓延迅速危害极大。从发病到死亡往往只需 15~30 天。发病季节为 5—10 月，8—10 月是发病高峰季节。流行水温为 25~35℃，沿长江地区，特别是江苏、安徽等省流行严重。在推广"种草、放螺"等生态养殖技术后，发病率下降。

（5）预防

每年要彻底清塘，清除过多的淤泥；营造良好的生态环境，在蟹池中栽种多种水草，维持水草稳定覆盖率和良好的水质，投放适量的螺蛳；在饲料中添加适量免疫多糖、复合多维等生物制剂增强河蟹体质；上一年发病严重的塘口，可用敌百虫清塘，但用后需要解毒。

（6）治疗

①全池泼洒漂白粉溶液或漂粉精，用量1毫克/升或0.2毫克/升连用2天；7天后用15毫克/升的生石灰遍洒1次；②在饲料中添加用0.1%的土霉素或氯霉素连用5天；每千克蟹用板蓝根10克，土霉素0.1克，吗啉胍0.1克，拌饲料投喂，连用15天；③100千克饲料添加50~100克磺胺甲基异茂唑，连用5~7天。

病蟹步足环起不能伸展

图5.1　颤抖病

2. 腐壳病（图5.2）

（1）别名

甲壳溃疡病、锈病等。

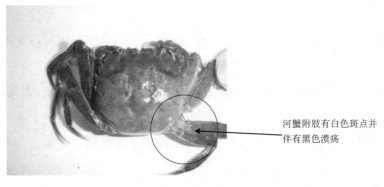

河蟹附肢有白色斑点并
伴有黑色溃疡

图 5.2　腐壳病

（2）病因

由于感染一类能分解几丁质的细菌，如弧菌、假单胞菌、气单胞菌、螺菌、黄杆菌等而引起。

（3）症状

患病病蟹步足尖端破损，成黑色溃疡并腐烂，然后步足各节及背中、胸板出现白色斑点，斑点的中部凹下，形成微红色并逐渐变成黑褐色溃疡斑点，这种黑褐色斑点在腹部较为常见，溃疡处有时呈铁锈色或被火烧状。随着病情发展，溃疡斑点扩大，互相连接成形状不规则的大斑，中心部溃疡较深，甲壳被侵袭成洞，可见肌肉或皮膜，导致河蟹死亡，并造成脱壳未遂的症状。如果溃疡达不到壳下组织，在河蟹蜕皮后就消失，但可导致其他细菌和真菌的继发性感染，引起其他疾病的发生。

（4）流行与危害

该病对幼、成蟹均可造成危害，发病率较高，发病率与死亡率一般随水温的升高而增加。由于该病的病原菌多、分布广，故流行范围亦较大，任何养殖水体（包括淡水、咸淡水与海水）均可能发生。如果病蟹腹甲发现有黑褐色斑点，可初步判断为此病。确诊需从溃疡处分离出能分解几丁质的细菌。

（5）治疗

①全池泼洒漂白粉溶液，用量2毫克/升，并按每千克饲料添加1~2克的磺胺类药物投喂，连喂3~5天为一个疗程。

②全池泼洒土霉素溶液，用量2.5~3毫克/升，每天1次，连续泼洒5~7次。

3. 按每千克饲料添加0.5~1.0克的土霉素拌饵投喂，连续1~2周。

3. 蟹奴病（图5.3）

（1）别名

臭虫蟹病。

（2）病因

由一种专门寄生于河蟹腹部（胸板）或附肢上的寄生虫引起，该虫长2~5毫米，厚约1毫米，扁平，圆枣状，绿豆大小，乳白色或半透明。蟹奴寄生于河蟹之后，一部分露在宿主体外，呈囊状，以小柄系于宿丰腹部基部的腹面，另一部分呈分支状突起伸入宿主全身各个器官，吸取宿主体内营养。破坏宿主的肝脏、血液、结缔组织和神经系统等，影响生殖腺发育和性激素的分泌，雌雄难辨。

（3）症状

被蟹奴寄生后，河蟹生长受到抑制、迟缓，不能再蜕皮，严重时，蟹肉发出恶臭，成为"臭虫蟹"而不能食用。

（4）流行与危害

该病主要危害成蟹，虽不会引起河蟹的大量死亡，但严重地影响了其商品规格与商品价值。发病季节是7—10月，9月是发病高峰。该病极易在含盐量较高的咸淡水池塘中发生。上海、湖北、安徽、江苏、江西等省市均有发现。尤以沿海滩涂河蟹养殖区发病率高。

（5）预防

①全池泼洒漂白粉溶液 1 次，用量 2~4 毫克/升。②全池泼洒敌百虫溶液 1 次，用量 1.0~1.2 毫克/升。③全池泼洒生石灰溶液 1 次，用量 15~20 毫克/升。

（6）治疗

①有发病预兆池塘，应立即更换池水，控制好盐度，或把病蟹移到淡水中，抑制蟹奴的发展与扩散。②用 8 毫克/升的硫酸铜溶液或 20 毫克/升的高锰酸钾溶液浸洗病蟹 10~20 分钟。③全池用硫酸铜和硫酸亚铁（5∶2）溶液泼洒，用量 0.7 毫克/升。

病蟹(右)虽然是公蟹，但看起来像母蟹

病蟹脐内头胸甲与腹甲交接处簇生扁平略圆的乳白色颗粒

图 5.3　蟹奴病

4. 脱壳障碍病（图 5.4）

（1）别名

蜕壳困难病、脱壳不遂病等。

（2）病因

该病是一种生理性疾病，由于饲料中缺乏某些矿物质（如钙等）或生态环境不适而致。此外，河蟹受寄生虫感染，亦可导致蜕壳困难。

（3）症状

病蟹头胸甲后缘与腹部交界处出现裂缝，背甲上有明显的棕色斑点，病蟹全身变成黑色，蜕出旧壳困难，最终因脱壳不下而死亡。

（4）流行与危害

该病对幼蟹、成蟹均有危害，有时个体较大的蟹以及干旱或离水较长时间的蟹也易罹患此病。此病发病率较高，较为常见，患病蟹如若治疗不及时，亦会引起较大范围的死亡。

（5）预防

①增加池塘中的钙质，定期泼洒生石灰溶液和过磷酸钙溶液，用量为10~15毫克/升和1~2毫克/升。②饲料中添加适量蜕壳素及贝壳粉等，并增加动物性饲料的比例。③适时加注新水，保持水质清新，溶氧充足，水位稳定、环境安静，促其蜕壳。

（6）治疗

①在饲料中添加适量的蜕壳素、贝壳粉、蛋壳粉、鱼粉等含矿物质较多的物质，并适当增加其动物性饲料的比例（一般占总投饲量的1/2以上）。②发现软壳蟹，应即转入水桶（或其他容器中）暂养1~2小时，待河蟹吸水涨足能自由爬行时，再放入原池。③全池泼洒硫酸铜和硫酸亚铁合剂（5∶2）溶液，用量0.7毫克/升。

蟹体周身发黑或铁锈色

图 5.4　脱壳障碍病

5. 烂肢病（图 5.5）

（1）病因

因捕捞、运输、放养或在生长过程中被敌害侵袭，使之上表皮损伤后病原菌感染所引起。

（2）症状

病蟹的腹部及附肢腐烂，肛门红肿，活动迟缓，摄食减少以至拒食，最终因无法脱壳而死亡。

（3）流行与危害

该病危害幼、成蟹，主要流行季节为 6—10 月。

（4）预防

①捕捞、运输、放养过程中小心操作勿使河蟹受伤，以免被细菌感染。②放养前将蟹放在浓度 10~15 毫克/升的土霉素溶液中浸洗 10~15 分钟。

（5）治疗

①全池泼洒土霉素溶液，用量为 20 毫克/升。可控制该病蔓延。②全池泼洒生石灰溶液，用量为 20 毫克/升。连续泼洒 2~3 次，6~7 天 1 次。③每千克蟹每天投喂拌入 10~15 毫克氟苯尼考药饵，治愈为止。

河蟹附肢腐烂脱落

图 5.5 烂肢病

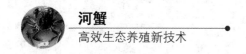
6. 弧菌病（图5.6）

（1）病因

引起河蟹弧菌病的病原有多种弧菌，包括鳗弧菌、溶藻酸弧菌、副溶血弧菌等。该类菌主要感染血淋巴，其发生的主要原因是因为放养密度高，饲养过程中河蟹受到机械损伤或敌害侵入使蟹体表受损，水质污染，投喂人工饲料过多，导致弧菌继发性感染。

（2）症状

病蟹腹部和附肢腐烂，体色颜色变浅，白色不透明，发育变态停滞不前。病蟹组织中，特别是鳃组织中，有血细胞和细菌聚集成不透明的白色团块，濒死或刚死的病蟹体内有大量的凝血块。病蟹身体瘦弱，活动能力减弱，行动迟缓，匍匐在池边，多数在水的中、下层缓慢游动，趋光性差，体色变白，摄食减少或不摄食，有时病蟹呈昏迷不醒状。随着病情发展，胸足伸直失去活动能力，最终聚集在池边浅滩处死亡。

（3）流行与危害

该病主要危害幼蟹，蚤状幼体甚至大眼幼体。发病率较高，死亡率可达50%以上。如若幼体染病，1~2天内即会死亡导致"全军覆灭"。该病的主要流行季节为夏季，流行水温25~30℃。

将病蟹的血液淋巴涂片，若发现有弧状、螺旋状或"S"型的革兰氏阴性短杆菌，且具该病症状的，基本可判定为此病。对于早期患病幼体，通过身体比较透明的地方，在400倍的显微镜下，可见到细菌在幼体内各组织间的血淋巴活泼游动。确诊需用弧菌多价血清进行凝集试验。

（4）预防

①彻底清塘，优化放养结构，降低单一养殖密度。②小心操作、避免蟹体受伤。③保持池水清新，以防止因有机质增加而引起亚硝态氮和氨氮浓度

升高。④科学投喂，使用优质颗粒饲料，发病期间应适当减少人工饵料的投喂。⑤育苗池和育苗工具要用漂白粉或其他消毒剂彻底消毒。

（5）治疗

①全池泼洒土霉素溶液，用量 2~3 毫克/升，或氟哌酸溶液，用量 1 毫克/升，每日 1 次，连用 3~5 次。②将土霉素（每千克蟹体重 1~2 克）拌在饲料中，制成药物颗粒饲料后投喂，连喂 7 天为一个疗程，根据病情可连喂 1~2 个疗程。

（6）注意事项

土霉素为限用抗生素，它们在水产品中检出的最高残留量不能超过 100 毫克/千克，休药期至少 30 天以上，方可上市。

组织中，有血细胞和细菌聚集成不透明的白色团块

图 5.6　弧菌病

7. 黑鳃病（图 5.7）

（1）别名

叹气病。

（2）病因

初步认为该病是由细菌引起。成蟹养殖后期，水质恶化，是诱发该病的

病蟹鳃丝变黄，鳃尖严重
溃烂缺损，肝脏正常

图 5.7　黑鳃病

主要原因。

（3）症状

患病初期部分鳃丝变暗褐色，随着病情发展，全部变为黑色。病蟹行动迟缓，呼吸困难，出现叹气状。白天爬出水而匍匐不动，俗称"叹气病"，轻者有逃避能力，重者几天或数小时内死亡。

（4）流行与危害

该病主要危害成蟹，从幼蟹至成蟹的各个养殖阶段都可能感染该病，该病多发生在养殖后期，尤以个体大的河蟹易感染和死亡。8—9月高温季节为发病高峰期，流行快，个体大的河蟹最易感染和死亡。病蟹出现吸气状，鳃呈黑色者，基本为此病。

（5）预防

①定期消毒水体。②使用生物制剂、增氧、科学投喂等措施，维持环境良好、稳定。

（6）治疗

①每千克每天蟹服用拌入 10~15 毫克氟苯尼考的药饵，治愈为止。②全池泼洒生石灰，用量为 15~20 毫克/升，每天 1 次，连用 2 次。③全池泼洒漂

白粉溶液，用量为每立方水体1克，10~15天1次，连用2次。④全池泼洒8%溴氯海因粉溶液，用量为每立方水体1克，10~15天1次，连用2次。

8. 腐壳病（图5.8）

（1）病因

蟹种在被捕捉、暂养、运输和放养时受伤感染细菌所致。该病危害严重，轻者影响蜕壳生长，重者死亡。从病灶上分离出多种细菌，如弧菌、假单胞菌、杆菌等，这些菌都具有分解几丁质的能力。然而，河蟹甲壳的上表皮不含几丁质，只有其下的外表皮才含几丁质。因而认为细菌侵袭的原因可能是上皮收到机械损伤，或者其他细菌破坏，这时具有分解几丁质能力的细菌趁机侵入，引起此病。

（2）症状

河蟹腐壳病又称甲壳溃疡病、壳病或锈病。病蟹步足尖端破损，成黑色溃疡并腐烂，然后步足各节及背甲、胸板出现白点斑点，斑点的中部凹下，呈微红色，并渐成黑色溃疡；严重时中心部溃疡较深，甲壳被侵袭成洞，可见肌肉或皮膜，导致河蟹死亡。表现有多种：一是患病蟹甲壳初期有白色斑点，其后由此斑点中间内凹并蚀成小洞，肉眼可见其壳内组织，在步足，胸部腹甲上有溃病斑点，患病蟹最终因蜕壳困难而死亡；二是病蟹甲壳出现棕色或红棕色点状病灶，这些斑点逐步发展连成块，中心部位溃疡，边缘呈黑色；三是步足破损，早期为红色斑点或褐色斑点，晚期斑点连结成不规则片状并腐烂，严重时甲壳被侵蚀成洞，可见黑色皮膜或肌肉，最终死亡。

（3）流行与危害

对幼、成蟹均可造成危害，发病率较高，发病率与死亡率一般随水温的升高而增加。由于病原菌多，分布广，故流行范围亦较大，任何养殖水体，包括淡水咸淡水与海水均可能发生。本病因机械损伤，其他一些细菌感染，

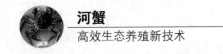

以及营养不良和环境中存在有某些重金属的化学物质，造成蟹上表皮破损，使分解几丁质能力的细菌侵入外表皮和内表皮而导致该病发生。

（4）预防

①在捕捉、运输和放养蟹种等过程中，操作要细心，使用的工具应严格消毒，勿使蟹体受伤。蟹种暂养时间不宜超过4小时，当天捕、当天运、当天放。②放养前，将蟹种放入浓度为10~15毫克/升的土霉素溶液中，浸洗10分钟。③全池泼洒二氧化氯溶液，用量为每立方水体0.5克，并每千克饲料加磺胺间甲氧嘧啶钠1~2克，连喂3~5天。

（5）治疗

①每立方米水体用2克漂白粉兑水全池泼洒消毒，并在每千克饲料中添加1~2克的磺胺类药物投喂，连用3~5天。②每立方米水体用2.5~3克土霉素兑水泼洒用药，每天1次，连续使用5~7天。③另外，也可在每千克饲料添加0.5~1克土霉素投喂，连用1-2周。

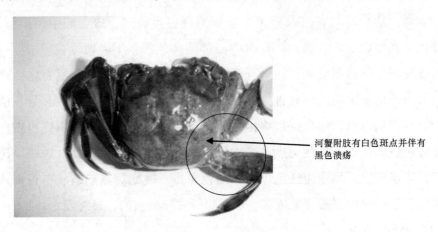

河蟹附肢有白色斑点并伴有黑色溃疡

图5.8　腐壳病

9. "水瘪子"病（图 5.9）

（1）症状

鳃水肿、烂鳃，鳃的颜色由白色透明逐渐转为黄色，严重的甚至呈现黑色；肝脏颜色变淡、萎缩或水肿、严重的肝脏糜烂消失；腹腔积水多，肠道多无食线。河蟹吃食量减少，活动能力差。

（2）病因

该病的起因是养殖环境恶化，而滥用敌百虫、敌杀死等菊酯类农药是环境恶化的元凶。

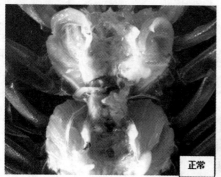

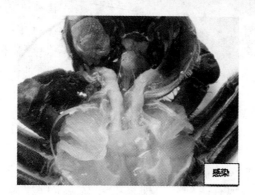

图 5.9　"水瘪子"病

（3）流行与危害

主要流行于6—9月，对成蟹造成危害，发病死亡率30%以上。

（4）预防

选用良种，规范用药，营造良好的生态环境，避免河蟹应激反应。

（5）治疗

使用二氯、三氯、溴氯海因等消毒剂对池塘进行全池消毒，连用3天，剂量按说明书执行。

10. 水肿病（图5.10）

（1）症状

病蟹匍匐池塘边，不摄食，少活动，最后在浅水区陆续死亡。病蟹腹部、腹脐及背壳下方肿大，呈透明状，类似河蟹即将蜕壳状。用手轻轻压其胸甲，会有少量的体液向外冒，打开背壳可见鳃丝肿胀及大量水肿状组织。

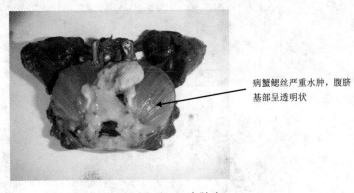

病蟹鳃丝严重水肿，腹脐基部呈透明状

图5.10　水肿病

（2）病因

河蟹水肿病的病因有两种：一种是细菌感染水肿，大多在河蟹生长过程中，腹部受机械性损伤后感染病菌所致；另一种是因毛霉病后期腮部感染水肿。细菌性的水肿，发病时间为夏初至中秋，即从小满至秋分前气温较高，也是河蟹生长旺盛的时期；而毛霉菌病引起的水肿发病时间，一般在秋分以后的天气凉爽期。

（3）流行与危害

流行季节为夏秋两季，幼蟹至成蟹的各个阶段都可感染该病，主要危害50克以上蟹，一旦发病，死亡率较高。

（4）预防

①幼蟹放养前，用碘制剂等浸泡消毒，再用"苗康"浸泡，增强蟹苗体质，提高成活率。②河蟹脱壳时，尽量减少对它的惊扰，以免蟹体受伤。③养殖过程中，定期改底调水，保持良好的底质和水质。

（5）治疗

①发现有病症的河蟹，连续换水2次，先排后灌，每次换水量1/3~1/2，然后用含氯石灰（漂白粉），一次量，每立方米水体1~2克，兑水全池泼洒，每天1次，连用2天。②发病时（有纤毛虫），先使用纤虫净、甲壳净等药物杀灭体外寄生虫；第二天用二氧化氯或碘制剂等消毒水体，同时内服恩诺沙星、大蒜素或氟苯尼考加免疫多糖、高稳Vc等抗菌抗病毒药物，杀死细菌、病毒。③10%氟苯尼考粉，一次量，每千克体重0.20克，拌饲投喂，每天2次，连用5~7天。

11. 纤毛虫病（图5.11）

（1）症状

蟹发病初期，体表长有黄绿色及棕色毛状物，活动迟缓，对外来刺激反应迟钝，手摸体表有滑腻感黏液，用显微镜可观察出原生动物及绿状藻。发病中、晚期，蟹体周身被厚厚的附着物附着，引起鳃丝受损，呼吸困难，继发感染细菌病，导致食欲减退，甚至不摄食，生长发育停滞，体质虚弱难脱

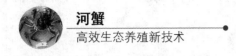

壳，引起河蟹大。

（2）病因

病原主要有聚缩虫、单缩虫、累枝虫、钟形虫、拟单缩虫和杯体虫等，底质腐殖质多且老化的池塘易发该病。该病主要是池塘条件受限，池水过肥，长期不换水，放养密度过大，残饵过多，水中有机质含量偏高，造成养殖池水极度富营养化，致使纤毛虫及丝状藻大量繁殖孳生。

（3）流行与危害

主要危害各阶段的蟹苗、幼体和成体，并以蟹幼期的危害较为严重。一般4—9月发病，5—6月为发病高峰期；流行温度18~35℃。病体体表和附肢的甲壳，以及成蟹的鳃上、鳃丝和头胸甲的附肢上，有一层肉眼可见的灰白色或灰黑色绒毛状物附生，同时有大量的其他污物，手摸体表和附肢有滑腻感；感染严重的成蟹，鳃丝上布满了虫体，鳃部变黑（是虫体和污物的颜色）；患病的成蟹或幼体，行动缓慢，摄食能力降低乃至停食，生长发育停滞，不能蜕皮，最后窒息死亡。

（4）预防

①保持水质清新，加强水体流动。②第1、2、4次脱壳后各使用0.2~0.3毫克/升纤虫清（硫酸锌粉）或用水勾兑0.15~0.3克毫克/升甲壳净（复方硫酸锌粒Ⅱ型），全池泼洒。

（5）治疗

①全池泼洒1次硫酸锌溶液，用量0.3~0.5毫克/升。严重时用药量增加至1~2毫克/升，隔3天再用1次，用药后适量换水。②硫酸铜与硫酸亚铁合剂（5∶2）溶液全池泼洒1次用量0.7毫克/升。③甲壳宁（三氯异氰尿酸粉）0.2~0.3毫克/升，全池泼洒，每天1次，连用2天。④1%水产用阿维菌素20毫升/（亩·米）稀释后全池均匀泼洒。

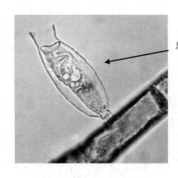
显微镜下纤毛虫

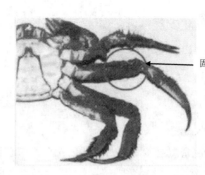
固着黑色绒毛

图 5.11　纤毛虫病

12. 青泥苔病（图 5.12）

（1）病因

青泥苔即丝状藻类，它是水绵、双星藻和转板藻的总称。春季随着水温的上升，丝状藻类在池塘浅水处开始萌发，长成一缕缕绿色细丝附着在池底或像网一样悬浮在水中。其发病原因主要水位过浅、透明度高。

（2）流行与危害

该病常发生在 3—5 月。当该病发生后，如不能正确使用药物，可致蟹池藻类大批死亡。青泥苔也可附着于蟹的颊部、额部和步足基关节处及鳃上，当丝状藻与聚缩虫等丛生在一起时，就会在蟹体表面形成一层绿色或黄绿色棉花状的绒毛，导致蟹的活动困难，摄食减少，严重时可堵塞蟹的出水孔，使之窒息死亡。水体造氧功能降低，水质恶化，病害增加。

（3）预防

①用生石灰彻底清塘。②蟹池放水 10 天后，放养 10~13 厘米的细鳞鲴鱼种，每亩 50~100 尾。利用该鱼喜食丝状藻类的习性，将丝状藻类消灭在萌芽状态。③肥水下塘。进水后，立即施用有机肥料肥水，每亩 250~300 千克，使池水透明度保持 30~35 厘米，水位不宜过浅，防止因水体透明度过高

而滋生丝状藻类。④投螺蛳。螺蛳对水体的净化能力强，为防止水体透明度过高，改以往2—3月一次性投放螺蛳为3—8月分批投放。

（4）治疗

水温20℃以下，硫酸铜0.7毫克/升、强氯精0.5毫克/升，兑水全池泼洒，青苔处多用，隔3天再使用一次。用后必须加强增氧，第二天适量换水。

丝状藻固着，河蟹行动困难

图5.12　青泥苔病

13. 仔蟹上岸综合征（图5.13）

（1）症状

Ⅰ期仔蟹从水中爬到岸上不肯下水而大量死亡。

（2）病因

综合分析认为，仔蟹上岸可能由六个方面原因引起：

①近年来河蟹近亲繁殖及种群混杂，使河蟹种质退化，抗病害能力下降。②水环境恶化，蟹池老化，水质偏酸或偏碱。③仔蟹饲料营养不均衡，缺乏必需的微量元素。④大眼幼体饲养前后滥用药物，破坏了蟹体内微生物平衡和免疫机能，导致疾病发生。⑤感染某种细菌或被寄生虫侵袭。⑥蟹对养殖水环境急剧变化产生应激反应。

（3）流行与危害

近年来，人工饲养仔蟹时，都不同程度地出现Ⅰ～Ⅱ期仔蟹蜕壳前后的大量死亡。由于仔蟹是从水中爬到岸上不肯下水而死亡的，群众称其为"上岸病"。

（4）预防

从当前本病的致病原因尚未完全弄清方面看，重点应放在预防方面。①把好蟹苗质量关、淡化关；②大眼幼体出池前，以杀灭体表的纤毛虫等寄生虫及病菌；③科学投喂，尽量保证营养均衡，不过量投喂，使用高质量颗粒饲料；④加强水质调控，多开增氧机、使用生物制剂调控水质，保持水质良好与稳定，特别要预防亚硝酸盐超标。

鳃部发生病变；肝脏变色；肠道有炎症等

图 5.13　仔蟹上岸综合征

14. 洪水期死蟹症（图 5.14）

（1）病因

洪水期间较长时间的阴雨天气，水位陡涨，水体相对浑浊，由于没有阳光导致水体底层严重缺氧。底层水草无法进行光合作用而大量腐烂变质；同时洪水期间正是湖泊或围栏中河蟹蜕壳的高峰期，蜕壳期的河蟹对溶氧要求更大一些。因此，此间死亡最多的正在蜕壳的蟹或蜕壳后的软壳蟹。需要指出的是，围栏养殖中死蟹之前，会出现河蟹爬上围栏网的现象，这是河蟹为回避底层缺氧的本能反应。此外，地势较高的小型湖泊或其中的围栏，由于湖水下降较快，死蟹情况要好一些。

（2）流行与危害

湖泊"洪水期死蟹症"是指每年7—8月洪水期间，湖泊养蟹或湖泊围栏养蟹出现河蟹死亡的现象。长江中下游湖泊洪水期死蟹通常发生在7—8月洪水期间，当湖泊水位上涨达1.5米甚至2米以上后的1周左右，河蟹开始死亡，并且死亡数量较大。那些进入地笼、迷魂阵、蟹笼中的河蟹全部死亡。此时，底部有水草的湖泊或围栏发生死蟹，底部没有水草的湖泊或围栏也发生死蟹。

（3）防治措施

①在围栏养蟹中设置"救生岛"，具体就是将水花生等水草以"簇团状"的形式设置在围网内，使河蟹能沿围网爬上水草簇团，以回避缺氧；②在洪水期，取出设置在水体底层监视河蟹用的地笼、蟹、迷魂阵等渔具。

水位上涨水体缺氧，蟹开始上岸爬行

图5.14　洪水期死蟹症

15. 河蟹常见敌害的防治

河蟹蜕壳期行动迟缓，防御能力较差，因其味美而成为很多敌害生物捕食的对象。人工养殖因密度大、数量多，更容易招引敌害生物的侵袭，因此做好河蟹的敌害防治工作也十分重要。

（1）鼠害

养蟹池中经常发现水老鼠危害河蟹。防治方法是用磷化锌等有效鼠药，在池四周定期放灭鼠药。另外，也可在养蟹池边安放鼠笼、鼠夹、电猫等灭鼠工具。

（2）蛙害

青蛙对蟹苗和幼蟹危害极大。在放养蟹苗或蟹种前，用药物彻底清除水中蛙卵和蝌蚪。另外，养蟹池四周设置防蛙网或墙，可有效防止青蛙跳入池中。如果青蛙已经入池，则需及时捕杀。

（3）鸟害

有些水鸟如鹭鸟等，也能啄食河蟹，可在池塘上方安装"防鸟网"。方法是沿池塘长轴竖 4 根高出地面 2 米的水泥桩，分别用"0 号粗铅丝"相连、拉紧。然后在池塘两侧的铅丝上，每隔 0.5 米拉 1 根尼龙线，在蟹池上方均匀构成一片线条状"防鸟网"。鹭鸟等到蟹池摄食往往是滑翔而下，加以鸟类的视力比人强得多。因此，这种简易"防鸟网"，可有效地防止鹭鸟等入侵。

（4）水蜈蚣

又称水夹子，是龙虱的幼体，对蟹苗和第一期幼蟹危害很大。防治方法是在养蟹前，蟹池彻底清塘，过滤进水。如池中发现水蜈蚣，可用灯光诱捕，或特制捞网捕杀。

第六章
河蟹高效养殖模式与实例

　　我国各地根据当地市场、技术、自然条件等特点，因地制宜开展河蟹养殖模式创新和品牌创建，形成了多种高效养殖模式，创建了一大批在全国具有较高知名度的品牌，有力促进当地河蟹养殖持续健康发展。现将应用广泛的几种高效生态养殖模式与养殖实例系统进行介绍。

第一节　金坛模式（155 模式）

　　金坛市是江苏省河蟹养殖发达地区，近年来该市根据当地市场、技术、资源等情况，创建了"155"生态高效养殖模式。该模式依据青虾、塘鳢与河蟹共生互利的生物学原理，在放养河蟹的前提下，合理放养青虾、沙塘鳢，采取种植复合型水草、放养大规格优质蟹种、科学投喂饵料、合理调控水质和生态防病等措施，实现养殖产量、产品质量、经济效益、生态环境的有机统一。这一养殖模式达到亩产河蟹 100 千克、青虾 50 千克或青虾和沙塘鳢 50 千克（其中青虾 30 千克和沙塘鳢 20 千克），亩效益 5 000 元以上。其主要技术要点有以下几个方面。

一、模式技术要点

1. 池塘条件

池塘东西走向、长方形，面积在 10~15 亩为宜，池深 1.8~2.0 米，坡比 1：2.5~3.0，池底平整，池埂夯实无渗漏，四周设置高 0.5~0.7 米的钙塑板或防逃网，底部安放 PVC 管铺设进排水系统，水源清新充足，无污染。每公顷水面配置 4.5 千瓦以上动力微孔增氧设施，总供气管架设于水面以上 30~50 厘米，微孔曝气管设置于池塘底部，每隔 5~8 米设置 1 条，每亩微孔增氧管道的总长度在 50 米左右。

2. 清塘消毒

12 月至翌年 1 月，排尽池水，清除过多淤泥，保留 5~10 厘米，曝晒 30 天左右。此后注入新水 5~10 厘米，每亩用茶粕饼 10~15 千克浸泡 3~4 小时后全池泼洒，杀灭野杂鱼。7 天后排干池水，每亩施用生石灰 200~250 千克，兑水溶解后全池泼洒，彻底清除病菌及敌害生物。

3. 水草种植

清塘药物药性消失后，注入 30 厘米水，进水口 80 目用过滤网进行过滤，防止野杂鱼及其受精卵进入池塘，排水口安装密眼网。在池塘中央或一边用围网圈设水草移植保护区和河蟹暂养区（水草移植保护区占池塘面积的 60% 左右，5 月底水草成势后拆除围网）。在河蟹暂养区内，种植伊乐藻、松毛草等复合型水草，水草移植保护区内种植轮叶黑藻黄丝草（微齿眼子菜）、苦草。1—2 月种植伊乐藻，3—4 月种植黄丝草、松、毛草、轮叶黑藻、苦草，东西为行，南北为间，行间距为 2~3 米，株间距 60~80 厘米，全池水草覆盖

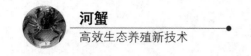

率控制在 40%~50%。

4. 螺蛳投放

螺蛳作为蟹池较理想的优质生物饵料，全年分 2 次投放。清明前后，每亩投放鲜活螺蛳 200~250 千克，让其自然繁殖，7—8 月，根据螺蛳存塘量每亩补放螺蛳 150~200 千克。

5. 施肥培水

池塘消毒后 7~10 天，每亩施经发酵处理的猪粪等有机肥 200~250 千克，或钙镁磷肥加复合肥 15~20 千克，将池水培成淡红色，为河蟹、青虾、沙塘鳢提供优质天然饵料，并促进水草生长。

6. 苗种放养

（1）放养蟹种

2 月中旬，在河蟹暂养区亩放肢体健全、活动能力强、无病无伤的本地培育蟹种 1 200~1 500 只/亩。大小规格为 120~160 只/千克。

（2）套养青虾

2—3 月，在河蟹暂养池亩放规格为 800~1 000 尾/千克的春季过池虾种 10~15 千克；7—8 月放养规格为 1.5~2.0 厘米的当年繁育的青虾苗种，每亩放养 2 万~3 万尾。

（3）套养沙塘鳢

主要采用两种方式套养：

一是 2 月，在水草移植保护区内，亩套放塘鳢亲本 10~15 尾（雌雄比 1∶1.2，雌鱼规格 70 克以上，雄鱼 80 克以上），放置"三合瓦片"、大口径竹筒、蚌壳、灰色塑料管等作为其繁殖产卵的巢穴，促进自然繁育。苗种孵化期间培肥水质并坚持增氧，不使用药物，提高孵化率。

二是 5 月底，投放体长 2~3 厘米、规格 100~200 尾/千克的沙塘鳢鱼苗 400~500 尾。

7. 饲养管理

采用优质全价配合饲料，颗粒饲料应无发霉变质、无污染，动物性饵料应新鲜、适口、无腐败变质、无毒。按照全程动物性饵料搭配颗粒饲料的投喂原则，坚持全池投饵，实际投饵量应结合天气、水质、水温、摄食及蜕壳情况等灵活掌握，适当增减投喂量，一般以 4~5 小时能吃完为宜。

（1）饵料投喂

一是施肥培水后，水体中水蚯蚓、轮虫、枝角类等底栖生物和浮游藻类，这为河蟹提供天然活性饵料；同时，按河蟹存塘量 5% 的比例投喂颗粒饲料，确保河蟹饵料充足。

二是根据河蟹不同生长阶段营养需求，按照"前后精、中间青"的原则，合理调整动物性饵料与颗粒饲料的投喂比例。5 月之前，蟹种集中于暂养区内强化培育，每天以摄食新鲜小杂鱼、蚬蚌肉等动物性饵料为主，切碎后每亩投喂 1 千克，同时搭配适量颗粒饲料，比例为 4∶1；5—9 月，河蟹摄食易受高温影响，小杂鱼与颗粒饲料投喂比例调整为 7∶3；10 月，河蟹进入育肥阶段，小杂鱼与颗粒饲料投喂比例为 12∶1。

三是针对沙塘鳢喜食小虾、小鱼的特点，养殖池塘应投放少量糠虾，供沙塘鳢摄食。

（2）水质调节与水位调控

①水质调节

水温上升至 20℃ 后，池塘微生物生长速度加快，因此需根据池塘水色、水体透明度等变化情况，及时采取有效措施改善水质，增强水体自净能力。

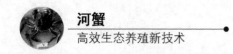

春、秋季水体透明度控制在 30~35 厘米，高温季节透明度控制在 35~40 厘米。每 7~15 天施用生物制剂和底质改良剂调节水质、改善底质，降低水体氨氮、亚硝酸盐、硫化物等有毒有害物质浓度；每 5~7 天注排水一次，高温季节勤换水，采取少量多次、边排边注的方法，每次换水 10~20 厘米，达到降低水体温度，促进河蟹正常生长的目的。同时，注意观察天气变化，适时开启增氧设施，高温季节，傍晚开启增氧机至翌日早晨；连续阴雨天气全天开机，使水体溶氧保持在 5 毫克/升以上；使用药物杀虫消毒、调节水质及投喂饵料时，也应及时开启增氧机，以保证池水溶氧充足。

②水位调控

按照"前浅、中深、后稳"的原则，及时加高、降低水位，合理调节水温，最大限度地满足河蟹生长发育需求。3—5 月气温逐步回升，蟹池水深 0.5~0.6 米，利于水温的迅速提高，为施肥培水提供先决条件，同时提高河蟹摄食量；6—8 月维持水位 1.2~1.5 米，高温季节须适当加深水位，暴雨期间及时排水，将水温控制在 30℃以下，利于河蟹正常摄食，促进蜕壳；9—11 月水位稳定在 1~1.2 米，利于水温恒定，为河蟹增重育肥提供稳定的环境。

③水草管护

控制水草覆盖率主要通过水位调控和割茬处理相结合的方法实现。水草密度过大，采用连根拔除的方式拉取"十"字形通道，促进水体流动、方便河蟹活动。5 月上中旬如伊乐藻等长势过快，需对其上部进行割刈，将其顶部控制在水面 20 厘米以下，促进水草根系生长，防止高温季节上浮，也有利于水体流动。同时，加强塘口巡查，及时捞除上浮水草，防止腐烂败坏水质。

④病害防治

遵循"预防为主、防治结合"的原则，坚持生态调节与科学用药相结合，预防和控制病害的发生。全年着重抓住以下几个阶段：4 月底至 5 月初，采用硫酸锌复配药杀纤毛虫一次，相隔 1~2 天后，用生石灰对水体进行杀菌消毒，防病害发生。6—7 月，每半月用生石灰兑水全池泼洒消毒；8 月中旬使用碘制剂对水体进行杀菌消毒；9 月中旬，补杀纤毛虫，严格控制病害。高温季节，加强药饵投喂，每 30 天投喂 1%中草药饵 7~10 天，防止肠炎等疾病发生，增强河蟹体质，提高机体免疫力，确保河蟹健康生长。

8. 起捕上市

自 4 月初，即可用地笼捕捞规格青虾上市；8 月起，视市场行情用抄网抄捕沙塘鳢，销售上市。10 月，先采用地笼逐步捕捞河蟹、青虾和塘鳢，及时均衡上市。

二、蟹、虾混养高产高效实例

1. 养殖户基本信息

金明生，金坛市指前镇芦家村。池塘养殖面积共 100 亩，池塘 5 个，分别为 25 亩、20 亩、19 亩、18 亩和 18 亩。2013 年开展河蟹、青虾混养，取得了亩效益 11 555 元的好收益，有关情况介绍如下。

2. 放养与收获情况（表 6.1）

表 6.1　放养与收获情况表

养殖品种	放养			收获		
	时间	规格	亩放	时间	规格	亩产
河蟹	2013 年 4 月 26 日	160 只/千克	1 000 只	2013 年 12 月 27 日	140 克	100 千克
青虾	2013 年 2 月 4 日	3 000 尾/千克	11.6 千克	2013 年 5 月 17 日	260 尾/千克	26 千克
抱卵虾	2013 年 5 月 28 日	300 尾/千克	0.25 千克	2013 年 11—12 月	300 尾/千克	24 千克

3. 效益分析（表6.2）

表6.2　经济效益分析表

	类别		数量（千克）	单价（元）	总价（元）
成本	1. 池塘承包费		100 亩	1 200	120 000
	2. 苗种费	扣蟹（千克）	623	50	31 150
		虾种（千克）	1 210	40	48 400
		虾苗（千克）			
		小计			79 550
	3. 饲料费	配合饲料	12 121	6.6	79 998.6
		小杂鱼	27 490	3.2	87 968.4
		螺蛳	25 000	2	50 000
		玉米等			
		小计			217 967
	4. 渔药费	消毒剂（桶）	5	900	4500
		微生态制剂（袋）｜芽孢杆菌（袋）	150	12	1 800
		微生态制剂（袋）｜EM 原露（桶）	1	400	400
		微生态制剂（袋）｜底改（袋）	35	120	4 200
		杀虫杀菌剂（袋）	50	9	450
		内服药物（袋）			
		茶粕素（千克）	2 500	2	5 000
		小计			16 350
	5. 其他	肥料（千克）	100	5	500
		水草（千克）	100	28	2 800
		电费（度）	20 000	0.6	12 000
		人工（工时）			13 000
		折旧			
		小计			28 300
	6. 成本	亩成本（元）	4 621.7	总成本（元）	462 167

	类别		数量（千克）	单价（元）	总价（元）
产值	单品种产值	河蟹	10 143	116	1 176 588
		商品虾	5 513	80	441 040
		其他收入			
	产值	亩产值（元）	16 176.3	总产值（元）	1 617 628
利润		亩利润（元）	11 555	总利润（元）	1 155 461

三、蟹、虾、鱼混养高产高效实例

1. 养殖户基本信息

薛斌，金坛市（县、区）直溪镇建昌村。养殖池塘 1 个，面积 12 亩。2014 年开展河蟹、沙塘鳢、青虾混养，实现亩效益 11 633.4 元，有关情况介绍如下。

2. 放养与收获情况（表6.3）

表6.3　放养与收获情况表

养殖品种	放养			收获		
	时间	规格	亩放	时间	规格	亩产
河蟹	2013 年 2 月 18 日	160 只/千克	1 000 只	2013 年 12 月 18 日	145 克	125 千克
青虾	2013 年 2 月 15 日	2 000 尾/千克	15 千克	2013 年 5 月 10 日	300 尾/千克	50 千克
沙塘鳢	2013 年 5 月 25 日	3~5 厘米	200 尾	2013 年 12 月 20 日	8 尾/千克	30 千克
花白鲢	2013 年 2 月 19 日	250 克/尾	25 尾	2013 年 12 月 20 日	1.8 千克/尾	39.6 千克

3. 效益分析（表6.4）

表6.4 经济效益分析表

	类别		数量（千克）	单价（元）	总价（元）
成本	1. 池塘承包费		12 亩	500	6 000
	2. 苗种费	扣蟹（只）	12 000	1	12 000
		虾种（千克）	180	42	7 560
		花白鲢（千克）	75	8	600
		塘鳢（千克）	12	70	840
		小计			18 690
	3. 饲料费	配合饲料	1 532	6	9 192
		小杂鱼	8 077	2.6	21 000
		螺蛳	3 614	2	7 228
		玉米等	1 040	2.4	2 496
		小计			39 916
	4. 渔药费	消毒剂（瓶）	6	30	180
		微生态制剂（瓶）	24	15	360
		杀虫杀菌剂（袋）	12	7	84
		内服药物（袋）	40	10	400
		保健料（吨）	0.4	6 000	2 400
		生石灰（吨）	1.32	800	1 056
		小计			4 480
	5. 其他	肥料（千克）	1 200	0.4	480
		氨基酸肥水膏（桶）	3	40	120
		水草（千克）	600	1	600
		电费（度）	1 135	0.6	681
		人工（工时）			
		折旧			
		小计			1 881
	6. 成本	亩成本（元）	8 846.4	总成本（元）	70 367

续表

类别		数量（千克）	单价（元）	总价（元）
产值	单品种产值 河蟹	1 512	68	102 816
	商品虾	608	102	62 016
	塘鳢	364	124	45 136
	花白鲢	475.2	7.5	3 564
产值	亩产值（元）	5 846.4	总产值（元）	209 968
利润	亩利润（元）	11 633.4	总利润（元）	139 601

注：养殖户劳动力成本未计入。

4. 关键技术

①清塘过程中，池塘淤泥保留 5 厘米左右，用于培育轮虫、水蚯蚓、红虫等底栖生物，为河蟹提供天然饵料，同时为水草生长提供营养。

②设置河蟹暂养区，在强化培育蟹种的基础上，起到保证水草生长不受河蟹影响，为后期河蟹生长提供场所，营造适宜生态环境。

③投放螺蛳，螺蛳是河蟹喜食的活性饵料，可以吸取水体中过多的营养物质，防止水质恶化，具有净化水质的功能，但螺蛳投放过多易造成水体缺氧，应分批适量投放。

④选购当地优质苗种，本地自育蟹种在适应性、成活率、抗病害能力以及回捕率等方面均强于外地苗种，提高蟹种质量靠自育。

⑤因伊乐藻不耐高温，易发生败草现象影响水质，5 月中上旬，割除其上部 30 厘米，利于安全度夏。如果水草过多，要采取割茬措施清除部分水草，留出通道，有利于水体流动和河蟹活动。

⑥6 月前投喂蛋白含量为 40% 以上优质饲料，以促进河蟹快速生长。高温季节改投 30% 左右蛋白饲料，控制水质，以保证河蟹安全度夏；9 月投喂

38%高蛋白饲料促进增重育肥。

⑦养殖过程中为防止沙塘鳢摄食青虾，可投放少量经济价值较低的糠虾供沙塘鳢摄食，从而提高青虾产量及效益。

⑧造成河蟹发病的原因很多，水体溶氧偏低、环境恶化、种苗带病、水温骤变、病菌感染等均可造成河蟹发病死亡，药物治疗效果也不明显。因此，采用科学、健康的养殖方式，营造良好生态环境，提高河蟹的抗病力，控制病害的有效方法。

第二节　河蟹"小精高"家庭养殖模式

蟹池"小精高"的养殖模式是结合苏南地区河蟹养殖以一家一户分散经营为主的实际，改粗放式养殖管理为精细化全程管理，有效解决经营机制和增长方式转变的问题。小：即养殖面积小，一家一户家庭式养殖，每户养殖总面积不超过30亩，单个池塘面积不超过15亩，便于管理操作；精：即精细化管理，从池塘改造、苗种选育、环境营造、科学投喂到质量控制每个环节都"精耕细作"；高：即产出效益高，单位面积放养密度高、投入高、产量高，常年放养蟹种1 600~2 000只/亩，养殖成本约8 000元/亩，产量约200千克/亩，常年亩效益6 000元至1万元。其主要技术要点如下：

一、模式技术要点

1. 单个池塘选择

根据养殖生产实际，单个池塘养殖面积一般在10~20亩为宜，且池底平整，用硬质护坡，配套防逃设施和进排水、微孔增氧系统，便于以1~2个家庭成员为主要劳动力的精细化管理。

2. 设置暂养区

清塘结束后，将高为 1.2 米的聚乙烯网片下端埋入池底泥中 15~25 厘米，踏紧压实，防止蟹种从底部逃出；网片上部缝制宽 30 厘米的防逃膜，防止蟹种从上部逃出。每间隔 1.5 米用一根竹桩将网片固定，将池塘分隔成暂养区和水草养护区，其面积分别占总面积的 40% 和 60%。5 月下旬，待水草养护区水草覆盖率达 60% 以上时拆除分融网片。

3. 栽种复合型水草

（1）栽种

根据不同水草的生长特点，种植复合型水草，先种草后进水，暂养区种植耐低温水草，水草养护区种植耐高温水草，通过打"时间差"，实现水草在低温季节和高温季节的生长优势互补，一方面有利于蟹种的强化培育，另一方面可以对养护区水草进行有效的保护，营造良好的生态环境。具体做法是：1 月上旬，清塘消毒后 10~15 天，水草养护区种植轮叶黑藻和苦草，轮叶黑藻与采用打塘穴播的方法，沿微孔增氧管道 2~3 米处均匀播种轮叶黑藻芽孢，每穴播放 5~10 粒轮叶黑藻芽苞，行距 2~3 米，株距 50~80 厘米，然后覆盖松软的 2~3 厘米表层细土，确保轮叶黑藻均匀分布，发芽快，约 10 千克/亩，栽种完毕，缓慢加水 15 厘米。暂养区以栽种伊乐藻、黄丝草为主，1 月中旬，距离微孔增氧管道 2~3 米处平行移栽伊乐藻，行距 2~3 米，株距 50~80 厘米，覆盖率占暂养区的 40% 以上；5 天后，每 3~5 天加水一次，每次 2~3 厘米，逐步加至 50~60 厘米。1 月底，撒种黄丝草（微齿眼子菜），先将黄丝草引入池塘中，让其自然吸足水分，次日在深水处抛撒种植，使其沉入池塘底部着泥生长。4 月中下旬，待水温达到 15℃以上时种植苦草，先把带有苦草种子的茎放在太阳下晒 2~3 天，然后揉碎或粉碎，再放入桶内浸

泡 1~2 天, 再进行揉搓, 使线形果实中种子全部出来, 最后将苦草种子与风干的泥土按 1:10 的比例混匀后, 在轮叶黑藻种植空白处均匀撒播。

（2）杀虫

在轮叶黑藻生长过程中, 易寄生卷叶虫, 若不及时清除, 最终会导致轮叶黑藻被卷叶虫全部食完。为此, 可在 4 月, 待轮叶黑藻长至 20 厘米后, 在晴天用 30~40 毫升/亩 1% 阿维菌素全池泼洒, 以杀灭水体中的卷叶虫; 20~30 天后, 再杀一次, 以达到彻底杀除的目的。若水草长势快, 采取多次割刈、拉取通风道的方式, 即割两米宽、留两米宽, 割除多余的水草, 使水草覆盖率维持在 60%~70%。割草后立即施用 2.5 千克/亩底质改良剂改善底质, 后再用枯草芽孢杆菌 200 克/亩调节水质, 确保蟹池内水清、草绿。

4. 投放足量螺蛳

螺蛳是河蟹理想的优质天然饵料。3 月底, 待水温达到 10℃以上时, 选择外壳较薄、肉质鲜嫩、无青苔和野杂鱼卵的鲜活螺蛳, 一次性投放约 750 千克/亩, 让其自然繁殖, 为养殖中后期提供大量动物性饵料, 可减少养殖前期人工饵料投喂, 扩大水体自然资源的利用空间。

5. 选择与放养蟹种

蟹种放养是养殖过程中的关键环节, 其质量好坏直接决定了成蟹规格大小、产量高低。2 月中旬, 放养的蟹种均是上年经选育提纯的亲本繁育出来的大眼幼体自育出来的, 放养量为 1 500~1 800 只/亩, 规格为 120~160 只/千克。入塘的蟹种须采取人工只只筛选的方法, 剔除肢体残缺、体表肮脏、活力较弱以及早熟蟹, 确保放养蟹种体质健壮、规格匀称, 为后期同步蜕壳打下基础。

6. 培育天然饵料

养殖前期, 蟹种摄食量较少且喜食水体中的浮游生物, 因此培育丰富的天然饵料可满足其生长的摄食需求。蟹种下塘前7~10天，向池内泼洒20~25千克/亩肥效较长的生物有机肥，将水质培成茶褐色，以培育水体中的水蚯蚓、红虫等底栖生物和有益藻类，为蟹种提供天然适口饵料，同时为水草、螺蛳以及底栖生物、浮游生物的生长养需要大量营养元素，根据水色变化及时采取3~4次追肥，一般追肥选用1千克/亩肥效较快的氨基酸肥料，以补充水体营养，维持水体藻相平衡，降低水体透明度，抑制青苔生长。

7. 水质水位调节

定期施用底质改良剂和生物制剂是改善底部环境、优化水质的主要措施之一。5—6月，水位一般维持在50~60厘米，随着水温逐步上升，水体中有毒有害物质浓度上升，可全池施用2.5千克/亩光合细菌调节水质，配合用1千克/亩底质改良剂，每隔15天重复一次；7—8月，水位升至80厘米左右，有毒有害物质以及病菌等大量增加，可全池泼洒200克/亩枯草芽孢杆菌调节水质，每隔7天重复一次；9月，全池泼浇100克/亩枯草芽孢杆菌调节水质，每隔15天重复一次；降雨过后也应调节水质，防止水体环境突变对河蟹造成刺激，并通过定期检测水质的方法了解水体情况，严格控制水体中的氨氮、亚硝酸盐、硫化氢等有害物质含量，使pH值控制在7.5~8.5，透明度控制在30~40厘米以上，确保水质"肥、活、嫩、爽"，为河蟹蜕壳、水草生长打下坚实的基础。

8. 适时适度增氧

拥有充足的溶氧除了保证河蟹正常生长需求外，还会加快水体氨氮、亚硝酸盐、硫化氢等转化。为此，应安装功率为0.2~0.3千瓦/台·亩微孔增氧设备，曝气管道间距5~6米，并根据水质及天气变化情况，及时使用微孔增氧设施。养殖期间，白天浮游植物和水草会因光合作用而放出氧气，夜晚

浮游植物和水草的呼吸作用替代光合作用，会消耗水体溶氧，加之其他生物处于耗氧状态，容易引起水体缺氧。因此，晴天傍晚至次日凌晨应增氧 10 小时以上，闷热天气及时启动增氧设施，阴雨天气全天 24 小时启动增氧设施，高温季节中午启动增氧设施 2~3 小时，确保水体溶氧保持在 5 毫克/升以上。养殖过程中施用生物制剂、投喂饵料时都应确保增氧设施处于工作状态，防止水体溶氧消耗过快影响效果和河蟹摄食量。

9. 科学投喂饵料

以调控生态环境，充分利用水体资源为中心，辅以动物性饵料、颗粒饲料，伴随着河蟹每次蜕壳后体重的增加，饵料投喂量必须及时增加，日投喂量以 3~4 小时内吃完为宜。具体投饵量应视池塘环境、季节、天气、温度等情况灵活掌控。3 月，待水温上升至 10℃以上后开始投喂，开口饵料为动物性饵料。养殖前期和中期，采取交叉间隔投喂的方法，即一天投喂颗粒饲料，一天投喂动物性饵料；6~9 月，河蟹活动量较前期加大，应大量投喂动物性饵料，减少蜕壳期间因打斗造成软壳蟹的损伤；10 月后，随着气温降低，改投玉米、黄豆等植物性饲料，并拌投动物性饵料，以提高河蟹肥满度和口感。投喂时间均在傍晚 16:00—19:00 投喂，投喂方法采取晴天多投，闷热、阴雨、台风等突发天气少投或不投。

10. 生态生物防病

采取"以水养草、以草净水"的综合管理措施，坚持生态调控为主，不断优化池塘生态环境，降低病害发生率。在此基础上，坚持"以防为主、防重于治"的原则，4 月底至 5 月初和 9 月底，用硫酸锌 500 克/亩，兑水泼洒全池，重点杀除纤毛虫；黄梅季节前、高温季节来临前，投喂 100 千克饲料中添加 2 千克中草药、0.1 千克氟苯尼考粉和适量的免疫多糖、复合维生素制成的药饵，连续投喂 5~7 天，以提高机体免疫力。用药时，应严格避开河蟹、青虾的蜕壳期。

11. 暂养与销售

10 月下旬以后，性成熟的河蟹活动频率加大，水体透明度明显下降，每隔 10~15 天，施用生物制剂调节水质，并及时开启增氧设施，防止水体缺氧导致河蟹出现应激反应，同时，应加强投饵增肥保膘，采取少量多次的方法，以玉米为主，搭配少量颗粒饲料，3~5 天喂一次。11 月以后，采取市场销售与网络营销相结合的方式，逐步捕捞上市。

二、高产高效实例 1

1. 养殖户基本信息

王国忠，金坛市（县、区）西城街道方边村。池塘养殖面积共 13 亩，1999 年从事河蟹养殖，主要由其 1 人负责养殖管理，近年来，平均亩产河蟹均在 155 千克以上，平均规格超过 150 克/只，实现亩产值 17 808 元，亩产效益 10 338 元以上。有关情况介绍如下。

2. 放养与收获情况

该模式 2015 年放养与收获情况详见表 6.5。

表 6.5　放养与收获情况

养殖品种	放养			收获		
	时间	规格（克/只）	亩放养量（只）	时间	规格（克/只）	亩放养（千克）
河蟹	2 月 15 日	120~160	1 704	11 月 25 日	150	155

3. 效益分析

该模式效益分析详见表6.6。

表6.6 模式效益分析

项目			数量	单价（元）	总价（元）
成本	1. 池塘承包费		13 亩	200 元/亩	2 600
	2. 苗种费	蟹种	312 千克	42 元/千克	13 104
		小计			13 104
	3. 饲料费	颗粒饲料	2 000 千克	5 元/千克	9 996
		小杂鱼	11 111 千克	3.6 元/千克	39 999
		螺蛳	9 024 千克	1.5 元/千克	13 536
		玉米等	753 千克	2 元/千克	1 506
		小计			65 037
	4. 渔药费	消毒剂	154 千克	1.8 元/千克	277
		微生态制剂（袋） 葡萄糖离子钙	12 袋	58 元/袋	696
		微生态制剂（袋） EM 原露	5 箱	198 元/箱	990
		微生态制剂（袋） 底改	40 袋	40 元/袋	1 600
		微生态制剂（袋） 果酸	140 瓶	18 元/瓶	2 520
		小计			5 806
	5. 其他	肥料	13 桶	50 元/桶	650
		水草	115 千克	31 元/千克	3 565
		电费	12 150 度	0.5 元/度	6 075
		小计			10 290
	总成本（元）		97 114	亩成本（元）	7 470 元
产值与利润	单项产值	河蟹	1 867 千克	124 元/千克	231 508
	产值	亩产值（元）	17 808 元	总产值（元）	231 508
	利润	亩利润（元）	10 338 元	总利润（元）	134 394

三、高产高效实例 2

1. 养殖户基本信息

钱瑞平，金坛市（县、区）西城街道方边村。池塘养殖面积共 18 亩，1999 年从事河蟹养殖，主要由其 1 人负责养殖管理，2015 年，平均亩产河蟹 175 千克，平均规格 175 克以上/只，实现亩产值 30 730 元，亩效益 23 137 元。有关情况介绍如下。

2. 放养与收获情况

该模式放养与收获情况详见表 6.7。

表 6.7　放养与收获情况

养殖品种	放养			收获		
	时间	规格（克/只）	亩放养量（只）	时间	规格（克/只）	亩放养（千克）
河蟹	2 月 10 日	120～140	1500	11 月 27 日	175	175

3. 效益分析

该模式效益分析详见表 6.8。

表 6.8　模式效益分析

项目		数量	单价（元）	总价（元）
成本	1. 池塘承包费	18 亩	200 元/亩	3 600
	2. 苗种费　蟹种	225 千克	37 元/千克	8 325
	小计			8 325

项目			数量	单价（元）	总价（元）
成本	3. 饲料费	颗粒饲料	2.5 吨	6 500 元/吨	16 250
		小杂鱼	15 000 千克	3.3 元/千克	49 500
		螺蛳	13 516 千克	2 元/千克	27 032
		玉米等	1 017 千克	2 元/千克	2 034
		小计			94 816
	4. 渔药费	消毒剂	270 千克	1.6 元/千克	432
		微生态制剂（袋） 芽孢杆菌		12 元/袋	
		微生态制剂（袋） EM 原露	5 箱	195/箱	975
		微生态制剂（袋） 底改	273 袋	40 元/袋	10 920
		小计			11 895
	5. 其他	肥料	15 桶	53 元/桶	795
		水草	114 千克	34 元/千克	3 876
		电费	15 867 度	0.5 元/度	7 934
		人工（工时）			5 000
		小计			17 605
	总成本		136 673	亩成本	7 593 元
产值与利润	单项产值	河蟹	3 056 千克	181 元/千克	553 136
	产值	亩产值（元）	30 730 元	总产值	553 136
	利润	亩利润（元）	23 137 元	总利润	416 466

注：蟹种全部为自育蟹种。

第三节　兴化模式（泓膏模式）

江苏省兴化市是我国河蟹养殖第一大市（县），全市河蟹养殖面积 70 万亩，是当地农业的主导产业。在龙头企业江苏省泓膏集团带动下，总结形成"稻田提水高效生态养殖模式"即"兴化模式"。由于该模式是江苏泓膏集团创立并率先使用的，又称"泓膏模式"，该模式特点是"稀放、大规格、高效益"。

一、模式技术要点

1. 蟹池选择

选择地势较高、进排水方便、水源质量较好的田块开挖蟹池，土质以壤土最好，黏土次之，砂土最差。池底淤泥不超过 5 厘米。区位优势明显，交通、电力有保证。

2. 蟹池结构

蟹池以东西长、南北狭为好；呈长方形，四角要呈弧形；池埂宽 2～3 米，必须夯实，不漏水、不渗水。池深 1.2～1.5 米、面积 10～20 亩为宜；池中应有浅水区，深 10～30 厘米，供河蟹蜕壳用。设高灌低排水系统，在蟹池的两端分设进水闸和排水闸，在进水口外围设置 0.8 厘米网目的网片，防止杂物进入蟹池。进水口设置 40 目密眼滤水网袋，防止野杂鱼等敌害的卵和苗随水流进入蟹池；在排水口设网笼，防蟹顺水逃出。选购价廉物美的材料如养蟹膜等建设防逃设施。

3. 清整消毒

蟹种放养前 15 天每亩用生石灰 100～150 千克兑水溶化后全池泼洒，消灭各种野杂鱼类、有害生物。消毒时水位保持在 10～20 厘米，如是老池还要先清除淤泥和杂草。

4. 种植水草

水草种植面积一般以占池水面积的 50%～60% 为宜。如水草生长过密，

可每隔 5~6 米开出一条 1.5~2.0 米的无草通道。种植品种主要有伊乐藻、苦草、轮叶黑藻、沮草等，以 2~3 种水草为佳，种植时间在清明左右。种植方法：轮叶黑藻与伊乐藻以无性繁殖为主，采取切茎分段扦、插的方法，每亩用量 25~30 千克；苦草以播种为主，每亩用种籽量 0.1 千克。但水草种植时应注意，需在蟹种放养前进行，保证蟹种下塘前已有水草长出，否则草的嫩芽被河蟹摄食，会影响水草存活或生长。另外，如池塘水质清瘦，水草生长不旺盛，可亩施 4~5 千克复合肥，以促进水草生长。

5. 蟹种放养

蟹种放养密度一般每亩控制在 700~900 只；蟹种放养时间以每年的 2—3 月为宜；蟹种放养规格以 120~160 只/千克为宜。放养规格过大，第一次蜕壳困难，损伤较重；规格过小，则生长基数不大，影响上市规格。放养前需先在池中设置一块蟹种"暂养区"，将蟹种先放入"暂养区"培育，以利于水草生根、发芽与生长，待河蟹脱壳 1~2 次再拆除围网。暂养面积一般占养殖塘口面积的 10%~20%。

6. 饲养管理

（1）饲料投喂

河蟹饵料，除了利用池中水草和底栖生物外，还要注意人工投饵。人工投饵，要注意两个方面：一是注意基础饵料投放，二是注意人工补充投饵。投放基础饵料，主要是指投放螺蛳于蟹池，可以在清明前后，每亩投放活螺蛳 300 千克以上。此时，正是繁殖新生螺蛳时期，小螺蛳壳薄鲜嫩，是河蟹早期最好的开口饵料，成螺又是河蟹中后期的活性饵料。同时，螺蛳还有净化水质的作用。投饵"四定"原则：定时、定点、定质、定量；"四看"原则：看季节、看天气、看水质、看河蟹的吃食情况进行科学投饵；"两搭"

原则："青精结合、荤素搭配"；"前中后"原则："前期精、中间青、后期荤"的原则。

（2）水质管理

一是调控水质。①定期泼洒生石灰水。一般 10~15 天用一次，每次浓度使用为 (10~15)×10^{-6}，主要是提高 pH 值和增加水体钙的含量；②投施磷酸二氢钙。磷酸二氢钙易溶解于水，不但可调节水质，而且河蟹可直接通过鳃表皮及胃肠内壁吸收，可相应加快河蟹蜕壳速度，对促进河蟹生长有较好的作用。一般每月 1 次，每次每亩施 1.5~2.0 千克，与生石灰进行交叉使用；③套养少量花白鲢。一般老池、肥水塘套养适量花白鲢，套养量以亩产成鱼 50 千克左右为宜，其目的主要是控制水质浓度；④适时注换新水。通常每 3~4 天换水 1 次，水温低时，7~10 天换水 1 次，天气闷热时，坚持天天换水，特别是发现河蟹上岸、爬网与以往有异时，则要及时换水，每次换水量一般占池水总量 1/5 左右；⑤泼洒光合细菌等生物制剂。高温季节，定期用光合细菌全池泼洒，以转化吸收池底有机物分解释放的氨氮、硫化氢等有毒物质。

二是调控水位。一般分为三个阶段，掌握不同水深。前期为 0.6~0.8 米，中期为 1.0~1.2 米，后期为 0.8~1.0 米。

（3）日常管理

日常管理的主要工作就是巡塘，做到一天至少 1~2 次，主要内容是五查五定：一查有无剩余饵料，定当天投饵品种和数量；二查水质水体是否正常，定换水时间和换水量；三查防逃设施是否正常，定时维修加固；四查有无敌害，定防范措施；五查有无病或死蟹，定防治措施。

7. 河蟹的捕捞与运输

成蟹捕捞不能过早，也不能过晚，过早性腺发育不充分，肥满度不足；过晚捕捞困难，死亡率高。捕捞时间一般在 10 月下旬至 11 月中旬。方法有：

一是采用地笼捕捞。二是徒手捕捉，利用河蟹晚上爬上岸觅食的习性，用手电照捕；三是干塘捕蟹，将池塘水抽干后进行捕捉。

商品蟹的包装与运输：如运输距离短可用网袋、木桶装运。运输数量多或运输距离长，一般用泡沫箱加网袋装运。将经暂养的河蟹装入网装中，再放入泡沫箱中，如气温较高，应在泡沫箱中放入 2~4 个冰袋或用矿泉水速冻成的"冰瓶"，降低运输环境温度，提高成活率。

二、蟹、鳜、虾混养高产高效实例

1. 养殖户基本信息

沈文玉，兴化市永丰镇迎新村养殖户，2012 年起从事河蟹养殖生产，养殖面积 25 亩，1 口塘。

2. 放养与收获情况

2013 年开展蟹、鳜、虾混养，3 月 10 日亩放规格 200 只/千克蟹种 700 只，5 月 20 日亩放养规格 5 厘米的鳜鱼苗种 9 尾，5 月 22 日亩放养青虾抱卵虾 10 千克。10 月 20 日收获河蟹 2 275 千克、收获鳜鱼 112 千克、青虾 330 千克。该塘口实现总产值 216 100 元，亩产值 8 644 元；创纯经济效益 145 030 元，亩效益 5 801.2 元（表 6.9）。

表 6.9　放养与收获情况表

养殖品种	放养			收获		
	时间	规格	亩放	时间	规格	亩产
河蟹	2013 年 3 月 10 日	200 只/千克	700 只	2013 年 10 月 20 日	155 克	91 千克
鳜鱼	2013 年 5 月 20 日	5 厘米	9 尾	2013 年 10 月 20 日	0.6 千克/尾	4.48 千克
青虾	2013 年 5 月 22 日	1 000 尾/千克	400 尾	2013 年 10 月 20 日	450 尾/千克	13.2 千克

3. 效益分析（表6.10）

表6.10 经济效益分析表

类别		数量（千克）	单价（元）	总价（元）
1. 池塘承包费		25亩	1 000	25 000
2. 苗种费	扣蟹（只）	17 500	0.56	9 790
	虾种（千克）	10	75	750
	鳜鱼种（尾）	220	1.5	330
	小计			10 870
3. 饲料费	配合饲料	1 750	4.91	8 600
	小杂鱼	1 500	4.2	6 300
	螺蛳	5 000	1.2	6 000
	小计			20 900
4. 渔药费	消毒剂（箱）	2	490	980
	微生态制剂（瓶）	40	18	720
	杀虫杀菌剂（瓶）	80	15	1 200
	内服药物（袋）	60	15	900
	生石灰（吨）	3	350	1 050
	小计			4 850
5. 其他	肥料（千克）			1 700
	水草（千克）			6 000
	电费（度）			1 750
	人工（工时）			
	折旧			
	小计			9 450
6. 成本	亩成本（元）	2 842.8	总成本（元）	71 070

（"成本"为左侧合并单元格，跨2—6行）

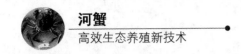

续表

类别		数量（千克）	单价（元）	总价（元）
产值	单品种产值 河蟹	2 275	84	191 100
	商品虾	330	58.8	19 400
	商品鱼	112	50	5 600
	产值　　亩产值（元）	8 644	总产值（元）	216 100
	利润　　亩利润（元）	5 801.2	总利润（元）	145 030

4. 关键技术

①冬闲季节排空塘中水，曝晒塘底，苗种放养前用生石灰彻底清塘。

②放养的蟹种为养殖户自己培育的，成活率高。

③栽种伊乐藻、苦草两种水草，投放螺蛳，定期用微生态制剂调控水质。

④进入9月以后，开始投喂小杂鱼，提高动物蛋白质比例，以促进河蟹营养累积，增加河蟹养殖产量和鲜美度。

⑤亩放养鳜鱼10尾左右，不但可以清除蟹池中野杂鱼，而且亩增收鳜鱼5千克左右。

三、蟹、沙塘鳢、虾混养高产高效实例

1. 养殖户基本信息

施俊前，兴化市安丰镇盛宋村，从事河蟹养殖生产14年。现有池塘养殖面积54亩，1口塘，水深1.3米。

2. 放养与收获情况

2013年3月10日放养种蟹48 600只（规格每千克220只），5月22日放

养青虾种虾 121.5 千克，5 月 26 日开始放养沙塘鳢（规格 4~5 厘米）21 600 尾。2013 年 11 月 10 日捕捞结束，共收获河蟹 4 860 千克、收获沙塘鳢 675 千克、青虾 620 千克。该塘口实现总产值 630 400 元，亩平 11 674 元；创纯经济效益 412 875 元，亩平 7 645.8 元（表 6.11）。

表 6.11　放养与收获情况

养殖品种	放养			收获		
	时间	规格	亩放	时间	规格	亩产
河蟹	2013 年 3 月 15 日	220 只/千克	900 只	2013 年 11 月 10 日	150 克	90 千克
青虾	2013 年 5 月 22 日	800 尾/千克	1 800 尾	2013 年 11 月 10 日	320 尾/千克	11.5 千克
沙塘鳢	2013 年 5 月 26 日	4~5 厘米	400 尾	2013 年 11 月 10 日	70 克/尾	12.5 千克

3. 效益分析（表 6.12）

表 6.12　经济效益分析表

	类别		数量（千克）	单价（元）	总价（元）
成本	1. 池塘承包费		54 亩	1 100	59 400
	2. 苗种费	扣蟹（只）	48 600	0.50	24 300
		虾种（千克）	121.5	70	8 505
		沙塘鳢（千克）	675	46	31 050
		小计			63 855
	3. 饲料费	配合饲料	5 150	5.6	28 840
		小杂鱼	2 300	4.3	9 890
		螺蛳	21 600	1.1	23 760
		小计			62 490

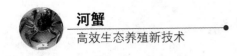
续表

	类别		数量（千克）	单价（元）	总价（元）
成本	4. 渔药费	消毒剂（箱）	5	480	2 400
		微生态制剂（瓶）	80	18	1 440
		杀虫杀菌剂（瓶）	160	15	2 400
		内服药物（袋）	100	14	1 400
		茶籽饼（吨）	3.2	1 200	3 840
		小计			11 480
	5. 其他	肥料（千克）			
		水草（千克）			11 800
		电费（度）			8 500
		人工（工时）			
		折旧			
		小计			20 300
	6. 成本	亩成本（元）	4 028.2	总成本（元）	217 525
产值	单品种产值	河蟹	4 860	110	534 600
		商品虾	620	67.4	41 800
		沙塘鳢	675	80	54 000
	产值	亩产值（元）	11 674	总产值（元）	630 400
利润		亩利润（元）	7 645.8	总利润（元）	412 875

4. 关键技术

①冬闲时节排空塘水、曝晒塘底，苗种放养前用茶籽饼药塘，既清塘，又可以很好地肥水、培育大量的饵料生物。

②放养的蟹种为上年养殖户自育的，苗种质量有保证。

③定期用微生态制剂调节水质；夏季利用"控草丹"预防水草疯长和烂

草现象，保证水草覆盖率。

④塘口安装微孔增氧设备，有效地调控水体溶氧，提高河蟹等养殖品种产量。

⑤沙塘鳢苗种规格要大，成活率才有保证；因为套养了沙塘鳢，收获的青虾规格比往年大、价格也高。

第四节　虾蟹双主养模式（苏州模式）

近年来，随着我国河蟹养殖面积的不断扩大，河蟹养殖因产量的增加和市场价格不稳定因素的影响，导致河蟹养殖风险。而青虾以其生长速度快，投资成本低，市场价格稳中有升，受到养殖户的青睐。苏州市水产科技工作者在原有虾蟹混养技术模式的基础上，通过在河蟹养殖池塘中增加青虾放养比重，强化青虾养殖管理，提高青虾产量，有效提高蟹池的产出，降低河蟹养殖风险。这种青虾与河蟹双主养模式，年亩均产青虾 75 千克、河蟹 75 千克以上，亩效益 5 000 元以上。现在这种虾蟹双主养模式，在苏南地区已得到规模化推广。

一、模式技术要点

1. 池塘条件

蟹池面积以 5~20 亩为宜，东西走向，坡比 1：2.5~3，池深 1.5~1.8 米，进排水分开，水源充沛，水质良好，周边 3 千米内无任何污染物。进水口用 60 目以上尼龙筛绢网过滤。每亩按 0.2~0.3 千瓦动力配备微孔增氧设备。

2. 放养前的准备

（1）清塘消毒

冬季干塘后，清除池底过多淤泥，修复坍塌池埂，曝晒 10～15 天后，每亩使用生石灰 150 千克化浆全池泼洒进行消毒，杀灭池塘敌害生物。

（2）注水施肥

清塘后 10 天用 60 目以上尼龙筛绢网过滤注水 50～70 厘米，注水后亩施经发酵、消毒的有机肥 150 千克，培育浮游生物，为虾蟹提供适口生物饵料。

（3）水草种植

为虾蟹营造良好生态环境，栽种 2～3 个品种，栽种面积控制在池塘面积的 30%左右。水草以伊乐藻为主，占 40%～50%，搭配轮叶黑藻、苦草、微齿眼子菜的 50%～60%。通过多品种搭配栽种，确保蟹池水草的持续、足量供应。做好茬口衔接，前期对轮叶黑藻、苦草实行围隔圈养，圈养面积占池塘面积的 60%～70%，待到 6 月轮叶黑藻、苦草长成后撤掉围网，保证水草的常年供给。

3. 苗种放养

1 月底 2 月初，每亩放养规格为 100～160 只/千克的扣蟹 750～900 只；放养规格 1 000～1 500 尾/千克 青虾幼虾 20～25 千克，10～15 尾/千克鲢、鳙 20 尾；7 月底 8 初亩放规格为 7 500～8 000 尾/千克虾苗 2.5 万～3.0 万尾。虾蟹苗种放养前 2 小时，泼洒防应激反应的制剂，蟹种放养时做好吸水、消毒工作。

4. 饲养管理

（1）投饲管理

清明前每亩投放活螺蛳 250～300 千克，让其繁殖，供虾蟹摄食的同时，改善池塘水质，提高水体的自净能力。

不同阶段投喂不同蛋白含量河蟹颗粒饲料，6月前、9月后投喂蛋白质含量38%~42%颗粒饲料，日投喂1次，时间为16:00—17:00；6—9月投喂蛋白质含量32%颗粒饲料，日投喂两次，06:00—07:00投日总投量的40%，17:00—18:00投日总量的60%。日投喂量按照河蟹体重的5%~8%，并根据天气、水质、虾、蟹摄食状况适时调整，一般以3小时内吃完为度，不增投青虾的饲料。养殖中后期，可根据存塘螺蛳情况，每亩投放100~150千克活螺蛳。

（2）水质调节

虾蟹混养池塘，既要水质清新、溶氧充足，又要水质保持一定的肥度，以保证虾苗下塘有丰富的生物饵料。因此，调节好水质关系到虾蟹养殖效果，养殖前期（5月前），透明度控制在30~35厘米，溶氧量保持在5毫克/升以上。养殖中期，水温升高，池塘虾蟹密度加大，增加微孔增氧开机频次和时间，始终保持足够溶氧量，透明度控制在35~40厘米，主要采取前期少注水，适当施肥培肥水质，中、后期水浓时勤注水，保持虾蟹池塘水质肥、活、嫩、爽。水质过肥时放掉部分老水再加注新水，一般4月前、10月后以少量加水为主，5—9月视情况每3~7天换水一次，每次加换水10厘米左右。

（3）水草管理

养殖中后期水草覆盖率控制在50%~55%，在具体操作中，除在栽种时采取分片栽种，疏密合理等措施外，还在生产管理中采取抽条的方式控制水草总量，特别是在中后期，水草疯长，抽条必须及时到位。

在水草栽种和养护上，注意水平分布和立体分布。在水平分布上，采用"≡"形、"井"字形栽种，每条草带宽度控制在2.0米，草带之间间隔1.2~1.5米，防止因水草大片栽种造成水流不畅、水草自荫作用加强，光合作用受阻。在立体分布上，控制水草顶端距水面30厘米以下（轮叶黑藻、苦

草距水面 30 厘米以下，伊乐藻、微齿眼子菜距水面 50 厘米以下），以防止夏季表层水面温度过高对水草形成伤害。总之，在水体中形成多层立体结构，为河蟹生长和栖息提供更多的空间。

5. 防治病害

病害防治坚持"预防为主，防治结合"的原则，苗种放养前需进行一次药物清塘，放养后要加强环境调控，科学增氧，保持池水高溶解氧，同时加强水草养护，维持水质良好稳定。到生长阶段每隔 10～15 天泼洒微生物制剂，每个月使用中草药拌饵投喂 7 天，以调节水质及预防病害。平时每 15～20 天用生石灰、二氧化氯等交替预防病害。

6. 捕捞上市

池塘虾蟹混养，青虾常年捕捞，捕大留小是提高产量和商品率的关键。通常春虾从 4 月中旬开始捕捞，及时捕出大规格青虾。秋虾于 9 月底开始捕大留小。河蟹 10 月开始捕捞。

二、虾、蟹双主养高产高效实例 1

1. 养殖户基本信息

顾杏荣，昆山市锦溪镇峡港村养殖户，养殖面积 14 亩，2 口塘，水深 1.3 米，2013 年开展虾、蟹双主养生产，取得了蟹、虾双丰收，亩产值 13 350.8 元，亩效益 8 687.8 元。

2. 放养与收获情况（表6.13）

表 6.13　放养与收获情况表

养殖品种	放养			收获		
	时间	规格	亩放	时间	规格	亩产
河蟹	2013年3月1日	200只/千克	1 300只	2013年11月10日	150克	110.7千克
青虾	2013年2月25日	1 000只/千克	25千克	2013年4月20日	260只/千克	50.23千克
青虾	2013年7月22日	8 000尾/千克	20 000尾	2013年11月10日	320尾/千克	30.5千克
沙塘鳢	2013年5月26日	4~5厘米	400尾	2013年11月10日	70克/尾	12.5千克

3. 效益分析（表6.14）

表 6.14　经济效益分析表

类别		数量（千克）	单价（元）	总价（元）
1. 池塘承包费		14亩	400	5 600
2. 苗种费	扣蟹（只）	18 200	0.4	12 880
	虾种（千克）	350	35	12 250
	虾苗（千克）	35	50	1 750
	小计			26 880
3. 饲料费	配合饲料	1 500	5.6	8 400
	小杂鱼	2 000	4.0	8 000
	螺蛳	5 000	1.6	8 000
	小计			24 400
4. 渔药费	消毒剂（箱）			3 100
	微生态制剂（瓶）			2 100
	杀虫杀菌剂（瓶）			800
	内服药物（袋）			600
	其他			500
	小计			7 100

（注：成本 栏纵向贯穿 2.苗种费、3.饲料费、4.渔药费）

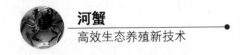

续表

类别			数量（千克）	单价（元）	总价（元）
成本	5.其他	肥料（千克）			2 100
		水草（千克）			3 200
		电费（度）			1 600
		人工（工时）			
		折旧			
		小计			6 900
	6.成本	亩成本（元）	4 663	总成本（元）	65 280
产值	单品种产值	河蟹	1 549.8	65	100 737
		商品虾	1 130.2	72	81 374.4
		花白鲢	600	8	4 800
	产值	亩产值（元）	13 350.8	总产值（元）	186 911.4
利润		亩利润（元）	8 687.8	总利润（元）	412 875

3. 关键技术

①冬闲时节排空塘水、曝晒塘底，每年养殖结束后，深耕并晒塘2个月左右。

②早放苗，3月中旬前蟹种放养结束，放养120只/千克的大规格蟹种。

③早期适度肥水，透明度控制在30厘米左右，有利于青虾生长和控制青苔。

④栽种复合型水草，蟹种先放入小围网内，脱壳2次以后再放入大池，为水草生长打好基础。

⑤塘口安装微孔管道增氧设备，4月底开始增氧，保证水体溶氧，促进河蟹生长。

三、虾、蟹双主养高产高效实例 2

1. 养殖户基本信息

钱正兴，张家港市科特特种水产养殖公司，池塘养殖面积20亩。2014年开展虾、蟹双主养生产，取得了亩产青虾104.4千克，河蟹76.5千克的好收成，亩产值13 642.3元，亩效益达8 897.3元。

2. 放养与收获情况（表6.15）

表6.15　放养与收获情况表

养殖品种	放养			收获		
	时间	规格	亩放	时间	规格	亩产
河蟹	2014年2月18日	160只/千克	800只	2014年10—12月	175克	76.5千克
青虾	2014年1月25日	1 000只/千克	30千克	2014年4月20日	260只/千克	58.6千克
青虾	2014年7月26日	6 000尾/千克	30 000尾	2014年11月10日	320尾/千克	45.8千克
花白鲢	2014年1月26日	250克/尾	30尾	2014年12月	1.8千克/尾	48.5千克

3. 效益分析（表6.16）

表6.16　经济效益分析表

	类别		数量（千克）	单价（元）	总价（元）
成本	1. 池塘承包费		20亩	1 000	20 000
	2. 苗种费	扣蟹（只）	16 000	0.4	6 400
		虾种（千克）	600	35	21 000
		虾苗（千克）	100	50	500
		小计			27 900

类别			数量（千克）	单价（元）	总价（元）
成本	3. 饲料费	配合饲料	2 000	6.0	12 000
		小杂鱼	3 000	3.6	10 800
		螺蛳	6 000	1.6	9 600
		小计			32 400
	4. 渔药费	消毒剂（箱）			3 600
		微生态制剂（瓶）			2 000
		杀虫杀菌剂（瓶）			800
		内服药物（袋）			600
		其他			500
		小计			7 500
	5. 其他	肥料（千克）			1 600
		水草（千克）			3 500
		电费（度）			2 000
		人工（工时）			
		折旧			
		小计			7 100
	6. 成本	亩成本（元）	4 745	总成本（元）	94 900
产值	单品种产值	河蟹	1 530	75	114 750
		商品虾	2 088	72	150 336
		花白鲢	970	8	7 760
	产值	亩产值（元）	13 642.3	总产值（元）	272 846
	利润	亩利润（元）	8 897.3	总利润（元）	171 946

4. 关键技术

①冬闲时节排空塘水、曝晒塘底，苗种放养前用茶籽饼药塘，既清塘，

又可以很好地肥水。

②春季青虾苗种要早放苗、放足苗、放大苗，才能保证春季青虾产量和上市时间。

③前期保持透明度控制在 30 厘米，既培育了生物饵料，又提高早春池塘水温，促进虾、蟹的生长。

④安装微孔增氧设施，4 月底开始增氧，保持水体溶解充足。

⑤喂好料，5 月前使用 42%蛋白质南美白对虾料。

第五节　蟹、南美白对虾双主养模式

近年来，随着我国河蟹养殖面积的不断扩大，河蟹受到了因养殖产量的增加和市场价格不稳定因素的影响，导致河蟹养殖风险。而南美白对虾以其生长速度快，投资成本低，市场价格稳，受到养殖户的青睐。在原有河蟹技术模式的基础上，通过在河蟹养殖池塘中放养一定的南美白对虾，并对传统的河蟹养殖技术进行适当改革。在河蟹产量基本不变情况下，每亩可增收南美白对虾 75~100 千克，有效降低了河蟹养殖风险。江苏省南通地区形成了南美白对虾与河蟹双主养模式。

一、模式技术要点

1. 池塘条件

池塘呈长方形，东西走向，池深 1.5~2.0 米。池塘进排水配套，水质良好无污染。池塘四周用高度为 60 厘米左右的铝皮围栏防止河蟹逃逸，按 0.2~0.3 千瓦/亩配备增氧设施。

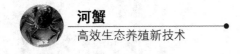

2. 清塘

1—2 月用生石灰进行干塘消毒，亩用生石灰 100~150 千克，曝晒 20 天后进水放养苗种。

3. 水草栽种

2 月中旬前后沿池四周种植伊乐藻，水草量约占池塘面积的 20% 左右。

4. 苗种放养

3 月上旬开始放养蟹种，亩放 800 只，规格 120~160 只/千克；蟹种放养 10~15 天后，放养花白鲢鱼种，150~250 克/尾的亩放白鲢 50 尾、花鲢 20 尾。5 月中下旬开始放养南美白对虾淡化苗，亩放 1.5 万~2.0 万尾，规格 0.7~1.0 厘米。

5. 饲料投喂

3—5 月主要投喂幼蟹饲料，同时每亩还投放活螺蛳 50~100 千克。5 月南美白对虾苗下塘后适当增投白对虾开口饵料，提高白对虾苗的成活率。7—10 月投喂蛋白质含量为 35% 左右的颗粒饲料，并按虾、蟹体重的 3%~5% 投喂。9 月南美白对虾起捕后，重点做好河蟹的后期育肥。

6. 日常管理

整个养殖期间保持水质清新，溶氧丰富，透明度 30~40 厘米，高温季节及时进水和换水；每天早晚巡塘，检查水质、溶氧，养殖对象摄食和活动情况。在台风、暴雨等灾害性天气前后，密切注意虾蟹缺氧及防止河蟹逃跑。

7. 病害防治

养殖期间，主要利用种植伊乐藻、泼洒生物制剂调节水质等措施，控制水质污染，提高产品质量，增加养殖效益；每半个月到 20 天使用 EM 菌或光合细菌等生物制剂改善水质与底质。适时泼洒生石灰、二氧化氯等进行水体消毒。

二、蟹、南美白对虾双主养实例

1. 养殖户基本信息

养殖户王国平，海门市常乐镇摆渡村，塘口面积 5 亩，养殖河蟹已有 12 年的经验。2014 年开展河蟹与南美白对虾的双主养，结果在产量、效益方面均取得了非常好的效果。

2. 放养与收获情况（表 6.17）

表 6.17　放养与收获情况表

养殖品种	放养			收获		
	时间	规格	亩放	时间	规格	亩产
河蟹	2014 年 3 月 5 日	140 只/千克	800 只	元旦前后	115 克	65 千克
南美白对虾	2014 年 5 月 24 日	0.8~1.0 厘米	1.8 万尾	9 月上旬	80~100 尾/千克	115 千克
花白鲢	2014 年 3 月 18 日	5~8 尾/千克	白鲢 50 尾，花鲢 20 尾	9 月下旬	白鲢 1.75~2 千克/尾，花鲢 2.5~3 千克/尾	108 千克

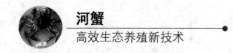
3. 效益分析（表6.18）

表6.18　经济效益分析表

	类别		数量（千克）	单价（元）	总价（元）
成本	1. 池塘承包费		5 亩	800	4 000
	2. 苗种费	扣蟹（斤）	60	28	1 680
		虾苗（万尾）	9	90	810
		鱼种（斤）	100	12	1 200
		小计			3 690
	3. 饲料费	配合饲料	2 500	5	12 500
		螺蛳	250	2	500
		玉米等			
		小计			13 000
	4. 渔药费	消毒剂（箱）	3	100	300
		微生态制剂（瓶）	60	25	1 500
		杀虫杀菌剂（瓶）			
		内服药物（袋）			
		生石灰（吨）	1.5	200	300
		小计			2 100
	5. 其他	肥料（千克）			
		水草（千克）			
		电费（度）	3 050	0.52	1 586
		人工（工时）	6	60	360
		折旧			
		小计			1 946
	6. 成本	亩成本（元）	4 947	总成本（元）	24 736
产值	单品种产值	河蟹	65	70	4 550
		商品虾	115	36	4 140
		商品鱼	108	13	1 404
	产值	亩产值（元）	10 094	总产值（元）	50 470
	利润	亩利润（元）	5 147	总利润（元）	25 735

4. 关键技术

①把好清塘关，1—2月间用生石灰进行干塘消毒，亩用生石灰100~150千克，曝晒20天后进水放养苗种。

②把好苗种关，南美白对虾苗一定要淡化到位，放苗在5月前结束。

③安装微孔增氧设施，同时配备叶轮式增氧机1~2台，保证池水不缺氧和水流畅通。

④适当控制水草密度，水草量约占池塘面积的20%~30%，水草行距3~4米，过高水草覆盖率影响南美白对虾活动。

⑤科学投喂。白对虾苗种下塘前，以河蟹饲料为主；下塘后，适当增投白对虾开口饵料，提高白对虾苗的成活率。7—9月投喂蛋白质含量为36%颗粒饲料，并按虾、蟹体重的3%~5%投喂。10月南美白对虾起捕后，重点做好河蟹的后期育肥。

第六节　稻田稻蟹综合种养模式

稻田养殖是指利用稻田浅水环境，应用生态学原理以及现代技术手段，对稻田生态系统的结构和功能进行改造，实现水稻与鱼、虾、蟹等水生动物的共生互利，以提高稻田单位面积生产效益和产品质量的现代循环农业模式。近年来，我国辽宁、湖北、江苏等地结合当地的实际情况，注重融入生态、健康养殖的理念，探索出了许多稻田养殖的新模式和新技术。

一、稻田养殖成蟹模式实例

1. 养殖户基本信息

孙秀玲，盘锦市盘山县胡家镇西湖村人。稻田养殖成蟹，养殖面积1 300

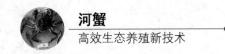

亩，成蟹育肥和越冬池塘 150 亩。孙秀玲从 1992 年开始养殖河蟹，2009 年 3 月，成立了秀玲河蟹养殖合作社，社员 51 人。2013 年 9 月，注册了秀玲牌河蟹商标，年销售河蟹 100 万千克，销售额 2 000 多万元。

2. 放养与收获情况（表 6.19）

表 6.19　放养与收获情况表

养殖品种	放养			收获		
	时间	规格	亩放	时间	规格	亩产
河蟹	2015 年 6 月 10 日	100 只/千克	500 只	2015 年 9 月 15 日	100 克	25 千克

3. 养殖效益分析

每亩稻田承包费 700 元，苗种费 150 元，饵料费 120 元，插秧、收割、起捕、投喂等人工费 280 元，化肥和农药费用 160 元，稻种费 40 元，防逃费用 50 元，费用合计 1 500 元。水稻亩产量 740 千克，单价 2.90 元，水稻亩产值 2 146 元；河蟹亩产量 25 千克，平均价格 40 元，亩产值 1 000 元。稻田亩产值合计 3 146 元，亩效益 1 646 元。

4. 养殖技术要点

（1）水稻种植

水稻种植在化肥和农药使用上与普通稻田有所区别，在河蟹脱壳期不使用化肥和农药，化肥少施勤施，特别是尿素，每次用量每亩不超过 2.5 千克，不用杀虫剂。

（2）稻田工程

田块四周挖环沟，环沟上宽 60 厘米，深 40 厘米，上下水线埋水泥管，进排水口对角设置，插秧后做防逃设施。

（3）苗种投放

苗种选择规格整齐、活力好、无伤残，亩投放蟹种 500 只，在暂养池暂养至 6 月 10 日前后投放到稻田中。

（4）饵料投喂

蟹种投放初期和养殖后期投喂动物性饵料为主，养殖中期，高温季节投喂植物性饵料为主，每天 1 次，傍晚投喂，以 2 小时内吃完为宜。

（5）水质管理

检测水中氨氮、硫化氢等有害物质含量，在不影响水稻生长的情况下加深水位，增加换水次数和换水量，促进河蟹脱壳生长。

二、稻田蟹种养殖模式实例

1. 养殖户基本信息

江苏省太仓市浮桥镇丁泾村稻蟹共生示范基地。现有稻蟹共生立体生态种养示范区 320 亩，2015 年开展稻、蟹种综合种养，亩产优质稻谷 210 千克，亩产扣蟹 175 千克，同时收获少量泥鳅。

2. 放养与收获情况（表 6.20）

表 6.20　河蟹的放养与收获

养殖品种	放养			收获		
	时间	规格	亩放	时间	规格	亩产
大眼幼体	2015 年 5 月 13 日	16 万只/千克	1.5 千克	2015 年 10 月 5 日	4~6 克	175 千克

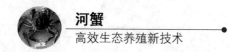

3. 养殖效益分析（表6.21）

表6.21 养殖经济效益分析表

	类别		数量（千克）	单价（元）	总价（元）
成本	1. 池塘承包费		320 亩	1 000	320 000
	2. 苗种费	大眼幼体（千克）	480	500	240 000
		稻种（千克）	1 600	10	16 000
		小计			576 000
	3. 饲料费	配合饲料	89 600	6.0	537 600
		小杂鱼	3 200	4	12 800
		小计			550 400
	4. 渔药费	消毒剂（箱）			9 600
		微生态制剂（瓶）			18 000
		杀虫杀菌剂（瓶）			8 000
		内服药物			5 000
		生石灰（吨）			20 000
		小计			60 600
	5. 其他	肥料（千克）			32 000
		水草（千克）			16 000
		电费（度）	40 000	0.5	20 000
		人工（工时）			160 000
		折旧			
		小计			228 000
	6. 成本	亩成本（元）	4 422	总成本（元）	1 415 000
产值	单品种产值	蟹种	56 000	60	3 360 000
		稻	67 200	10	672 000
	产值	亩产值（元）	12 600	总产值（元）	4 032 000
	利润	亩利润（元）	8 178	总利润（元）	2 617 000

4. 养殖技术要点

（1）水稻种植

扣蟹养殖稻田水稻按照普通稻田种植，但尿素用量每亩每次不超过2.5千克。

（2）稻田工程

沟面积占15%，4月在沟中栽种水花生，沟中安装微孔增氧，保证水体溶氧充足。

（3）苗种投放

蟹苗质量是成功的关键，蟹苗选择淡化6天以上，活力好、无杂色、无杂质的大眼幼体。

（4）饵料投喂

蟹苗投放前，稻田用有机肥培育好枝角类等基础饵料，三期幼蟹后开始投喂颗粒饲料，并根据生长状况调整饲料数量和蛋白质，保证河蟹出池规格在150只/千克左右。

（5）水质管理

蟹苗投放前检测水中氨氮、硫化氢等有害物质含量，做到水质不好不放苗，蟹苗投放后在不影响水稻生长的情况下加深水位，增加换水次数和换水量，保持水质清新。

第七节　其他模式养殖实例

一、池塘蟹种培养高产高效实例1

1. 养殖户基本信息

养殖户顾国建，兴化市临城镇五里村，塘口面积20亩，4口塘，每口5

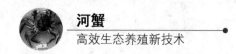

亩。2013 年养殖蟹种，亩产优质 210 千克，亩效益 9 972 元。

2. 放养与收获情况（表 6.22）

表 6.22　放养与收获表

养殖品种	放养			收获		
	时间	规格	亩放	时间	规格	亩产
大眼幼体	2013 年 5 月 20 日	15 万~16 万只/千克	1.5 千克	春节前后	7.2 克/只	210 千克
白鲢	2013 年 6 月 8 日	夏花	白鲢 500 尾	12 月下旬	350 克/尾	72 千克

3. 效益分析（表 6.23）

表 6.23　养殖经济效益分析表

	类别		数量（千克）	单价（元）	总价（元）
成本	1. 池塘承包费		20 亩	1 000	20 000
	2. 苗种费	大眼幼体（千克）	30	560	16 800
		夏花鱼种（斤）	1 万尾	60	60
		小计			16 860
	3. 饲料费	配合饲料	6 500	6.0	39 000
		小杂鱼	200	4	800
		小计			39 800
	4. 渔药费	消毒剂（箱）			1 500
		微生态制剂（瓶）			2 200
		杀虫杀菌剂（瓶）			1 300
		内服药物			500
		生石灰（吨）			1 000
		小计			6 500

类别			数量（千克）	单价（元）	总价（元）
成本	5. 其他	肥料（千克）			4 600
		水草（千克）			2 000
		电费（度）	4 000	0.5	2 000
		人工（工时）	1	30 000	30 000
		折旧			
		小计			39 600
	6. 成本	亩成本（元）	6 138	总成本（元）	122 760
产值	单品种产值	蟹种	4 200	75	315 000
		鱼种	1 440	5	7 200
	产值	亩产值（元）	16 110	总产值（元）	322 200
利润		亩利润（元）	9 972	总利润（元）	199 440

4. 关键技术

①大眼幼体质量是蟹种养殖的关键，要把好质量关。

②培育池宜小不宜大，一般宽度不超过 30 米，池中要开挖深 60~70 厘米，1~2 米宽的沟，便于蟹苗早期培育和水花生的栽培。

③彻底清塘，每亩用 250 千克生石灰或 75 千克漂白粉彻底带水清塘，彻底杀灭敌害，并晒塘 20 天以上。

④全程投喂高质量的颗粒饲料。

⑤加强溶解氧管理，每亩配备 0.2 千瓦微孔增氧设施，科学增氧。

⑥水花生要提前 1 个月栽种，养殖过程中保持水花生合适密度和覆盖率，覆盖率维持在 70%~75%。

二、池塘蟹种培养高产高效实例 2

1. 养殖户基本信息

养殖户周建明，常熟市古里镇。塘口面积 71.5 亩，10 口塘，每口 7 亩左

右。2013 年养殖蟹种，亩产优质蟹种 200 千克，亩效益 9 225 元。

2. 放养与收获情况（表6.24）

表 6.24　放养与收获情况表

养殖品种	放养			收获		
	时间	规格	亩放	时间	规格	亩产
大眼幼体	2013 年 5 月 25 日	15 万~16 万只/千克	1.25 千克	元旦前后	6.5 克/只	200 千克
白鲢	2013 年 6 月 8 日	夏花	白鲢 500 尾	12 月下旬	350 克/尾	72 千克

3. 效益分析（表6.25）

表 6.25　经济效益分析表

	类别		数量（千克）	单价（元）	总价（元）
成本	1. 池塘承包费		71.5 亩	1 000	71 500
	2. 苗种费	大眼幼体（千克）	100	560	56 000
		夏花鱼种（斤）	2.5 万尾	65	170
		小计			56 170
	3. 饲料费	配合饲料	25 400	7.6	193 344
		小杂鱼			
		小计			286 000
	4. 渔药费	消毒剂（箱）			2 500
		微生态制剂（瓶）			5 200
		杀虫杀菌剂（瓶）			3 000
		内服药物（袋）			1 500
		生石灰（吨）			2 100
		小计			14 300

	类别		数量（千克）	单价（元）	总价（元）
成本	5. 其他	肥料（千克）			4 600
		水草（千克）			
		电费（度）			13 000
		人工（工时）	2	30 000	60 000
		折旧			
		小计			77 600
	6. 成本	亩成本（元）	5 559	总成本（元）	412 914
产值	单品种产值	蟹种	14 300	74	744 200
		鱼种	2 860	5	14 300
		其他收入			
	产值	亩产值（元）	15 530	总产值（元）	1 072 500
利润		亩利润（元）	9 225	总利润（元）	659 587

4. 关键技术

①把好苗种关，大眼幼体一要种质好，亲本规格要大，公蟹 175 克以上，母蟹 125 克以上；二要蟹苗规格大、颜色正（姜黄色）、活力强、淡化到位。

②彻底清塘，每亩用 250 千克生石灰或 75 千克漂白粉彻底带水清塘，彻底杀灭敌害，并晒塘 20 天以上。

③全程投喂蛋白质含量 42% 高质量的颗粒饲料，加强溶解氧管理，配备微孔增氧，科学增氧。

④管理好水草，控制水花生生长，保持水花生合适密度和覆盖率，给仔蟹生长创造良好的栖息环境。

三、阳澄湖围网高效生态养殖实例

1. 养殖户基本信息

苏州市相城区度假区渔业村养殖户蔡小马，阳澄湖湖泊围网养殖面积20亩。

2. 放养与收获情况（表6.26）

表6.26 放养与收获情况表

养殖品种	放养			收获		
	时间	规格（只/千克）	亩放（只）	时间	规格	亩产
蟹种	2014年2月25日	80/千克	650	11月	165克/只	75千克
花白鲢	2014年2月8日	750克/尾	50尾	12月	2.6千克/尾	125千克

3. 效益分析（表6.27）

表6.27 经济效益分析表

	类别		数量（千克）	单价（元）	总价（元）
成本	1. 池塘承包费		20亩	750	15 000
	2. 苗种费	蟹种（只）	13 000	1.0	13 000
		鱼种（千克）	750	8	6 000
		小计			19 000
	3. 饲料费	配合饲料	2 400	7.6	18 240
		小杂鱼	1 000	4.0	4 000
		小计			22 240

	类别		数量（千克）	单价（元）	总价（元）
成本	4. 渔药费	消毒剂（箱）			1 500
		微生态制剂（瓶）			
		杀虫杀菌剂（瓶）			
		内服药物（袋）			1 500
		生石灰（吨）			1 000
		小计			4 000
	5. 其他	肥料（千克）			
		水草（千克）			2 000
		柴油（千克）			2 000
		人工（工时）	20	150	3 000
		折旧			5 000
		小计			12 000
	6. 成本	亩成本（元）	3 612	总成本（元）	72 240
产值	单品种产值	成蟹	1 500	120	180 000
		成鱼	2 500	8	20 000
		其他收入			
	产值	亩产值（元）	10 000	总产值（元）	200 000
利润		亩利润（元）	6 388	总利润（元）	127 760

4. 技术措施

（1）营造优良的栖息环境

蟹种放养前需要彻底清野。清野后及时种植水草，主要以伊乐藻为主，种植面积占养殖区的60%，网围中间不栽水草，以免影响风浪及河蟹分布。待水草长至3~5厘米后，投放螺蛳、蚌等鲜活贝类，每亩投放量在150~250千克左右。

（2）蟹苗投放

蟹种放养密度适中、规格要大。亩放养规格 60～100 只/千克蟹种 400～600 只。在围网中间围一块 1/5 的面积进行蟹种暂养，既有利于早春的集中饲养管理，又有利于大面积水草的生长。暂养一般到 5 月中旬河蟹第 2 次脱壳 1 周后撤掉围网栏，进入整个围网区养殖。

（3）保持良好的水质

在河蟹养殖过程中应保持水质清新，水草适时清理，注意青苔的管理。在夏季应每 15～20 天在水流速度较慢的时间段泼洒过磷酸钙（2～3 毫克/升）、生石灰（10～15 毫克/升），以调节水体的酸碱度，为河蟹补充钙质，促进脱壳生长（注意两者施用时间应隔 3～5 天）。

5. 搞好日常的管理

四查：查水质情况、查蟹吃食情况、查蟹生长情况、查防逃设施是否完好。四勤：勤巡塘、勤除杂草、勤清洁饲料、勤做好养殖记录。四防：防敌害、防逃、防偷盗、防水草水质恶化。

第七章
河蟹养殖常用水草栽培技术

"种草、放螺"是近年来河蟹生态养殖总结出的关键技术。"蟹大小,看水草",可见水草在河蟹养殖中的作用。广大群众在实践中总结出不少种草经验,目前生产中应用较多的水草主要有伊乐藻、金鱼藻、轮叶黑藻和苦草等。

第一节　水草在河蟹养殖中的作用

一、水草是河蟹不可缺少的栖息场所和隐蔽物

河蟹游泳能力差,只能作短距离游泳,喜欢在浅水区栖息、脱壳。深水区河蟹很少出现,特别是脱壳,基本都在溶氧相对充足、环境条件好的浅水区和水草上,部分水草水位适宜(水下 5.0~30 厘米),隐蔽性好,压强小,脱壳容易,是河蟹脱壳的首选场所。养殖生产中我们发现,绝大部分河蟹脱壳时选择依附于水下 5~30 厘米的水草茎叶上。蜕壳后的软壳蟹需要几个小时静伏不动的恢复期,待身体大量吸水和排出水分,新壳渐渐硬化之后,才能开始正常爬行、游动和觅食等活动。在此期间,软壳蟹抵御敌害生物能力

差，如果没有水草作掩护，很容易受到硬壳蟹和其他敌害生物（如龙虾、鳜鱼、乌鳢等）的攻击乃至残食。因此，水草的多寡和分布对河蟹的成活率有显著的影响。实践表明，在水草适宜、投饲充足的情况下，河蟹的成活率高、规格大、品质好；而水草较少的池塘河蟹成活率低、规格小、品质差。可见，水草在提高河蟹养殖成活率和商品蟹规格方面，具有十分重要的作用。

二、水草是河蟹不可缺少的饵料

河蟹是杂食性动物，在自然状况下，水草在河蟹食物组成中占有重要位置。大部分水草具有鲜、嫩、脆、滑等特点，水草中含有少量蛋白质、脂肪及其其他营养要素。从水草所含的蛋白、脂肪含量看，很难构成河蟹食物蛋白、脂肪的主要来源。但是已知水草茎叶中往往富含维生素 C、维生素 E 和维生素 B_{12} 等微量元素，这些可以弥补投喂谷物和配合饲料中多种维生素的不足。加之水草中一般含有 1% 左右的粗纤维，这有助于河蟹对多种食物的消化和吸收。此外，水草中还含有丰富的钙、磷、多种微量元素，其中钙的含量尤其突出，对于促进河蟹脱壳具有十分重要的作用，由此可见，水草是河蟹不可缺少的饵料。生产实践证明，水草好的蟹池，脱壳成功率高、饵料系数低。

三、水草具有净化和调节水质的功能

池塘环境是河蟹赖以生存的最基本的条件之一。而与鱼类相比，河蟹对水质条件的要求更高，已知溶氧 7.5 毫克/升时可促进生长，而低于 4 毫克/升则不利于河蟹生长。河蟹适宜在微碱性水体中生长，适宜的 pH 值为 7.5~8.5，pH 值低于 7.0 的水质不利于河蟹蜕壳成长。蟹池中栽种水草，水草的光合作用的释放大量的氧气，是蟹池氧气的主要来源，同时，水草还可吸收池塘中不断产生的大量有害的氨态氮、二氧化碳和剩余饵料溶失物及某些有机分解物。这些作用，对调节水体的 pH 值、溶氧乃至水温，稳定水质，都有着重要意义。实践表明，水草丰富的池塘，养成的河蟹体色正、规格大、产量高、味道鲜美；相反，水草少或无水草的蟹塘则成蟹的往往产量低、规格小、体色差。

四、水草是河蟹养殖生态系统的重要组成部分

事实上，水草在蟹塘中的作用远不止上述几点。如人们早已知道水草的存在，对于水体中的浮游植物、浮游动物、混养鱼类以及底栖动物，如螺、贝、线虫、水生昆虫、小型鱼虾等的繁衍生长都有很大好处。而各种底栖动物和水生昆虫等，又恰恰是河蟹极好的动物性饵料。虽然这方面的研究大部分还处于初级阶段，但可以肯定的是，水草与养殖河蟹以及水体和池底进行着复杂的物质交换，并维持着某种特定的生态平衡。水草是蟹池生态系统中重要的环境因子，无论对河蟹的生长还是疾病防治，都具有直接或间接的意义。

需要指出的是，并不是说池塘中的水草越多越好，只有保持适当的密度 50%~55%，多品种（2 种以上）、分布的合理，这样才能发挥很好的作用。如果密度过高，会存在不少负面作用，一是水体流动性差，河蟹无法穿行于其间，这无疑大大缩小了河蟹的生存空间，影响河蟹的正常生长。二是蟹池的溶解氧、pH 值昼夜变化大，易引起河蟹的应激反应。三是生态系统中其他因子受到限制，系统的稳定性差。

第二节　伊乐藻栽培技术

伊乐藻，原产于北美洲加拿大，为多年生沉水植物，与我国的苦草、轮叶黑藻同属于水鳖科（Hydrocharitaceae）伊乐藻属（Elodea）。我国移植草种

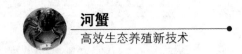

的多为纽氏伊乐藻（Elodea nuttallii），是 20 世纪 80 年代由中国科学院南京地理与湖泊研究所从日本引进的。它是一种优质、速生、高产的沉水植物，具有高产、抗寒、四季常青、营养丰富等特点。尤其在冬春寒冷的季节里，其他水草不能生长的情况下，该草仍具有较强的生命力，现已成为河蟹养殖中的当家草。但它也有不耐高温的缺点，因此在生产中要针对性地进行管理，确保其安全"度夏"。

一、伊乐藻的优点

1. 适应性较好

伊乐藻水温 5℃ 以上即可萌发，10℃ 即开始生长，18~22℃ 生长最旺盛。长江流域以 4—5 月和 10—11 月生物量达最高。当水温达 25℃ 以上时，生长明显减弱，藻叶发黄，植株顶端会发生枯萎。待 9 月水温下降后，枯萎植株茎部又开始萌生新根，开始新一轮生长旺季。只要水上无冰即可栽培，在寒冷的冬季能以营养体越冬，当苦草、轮叶黑藻尚未发芽时，该草已正常生长，是 5 月中旬前蟹池中的当家草。

2. 群体产量高

分蘖再生能力强是伊乐藻生长的特点。江苏省宜兴市水产技术推广站在池塘中采用植株段节扦插法种植 0.6 千克伊乐藻种苗，一年后增加到 3 570 千克。通常种植 1 千克伊乐藻种苗，年产量达 7 吨以上。

3. 营养丰富、适口性好

伊乐藻植株鲜嫩，叶片柔软，适口性好，其营养成价格明显高于苦草、轮叶黑藻（表 7.1），是河蟹的优质青饲料。

表7.1 蟹池中常见几种水草营养成分比较（%）

种类	干物质	粗蛋白	粗脂肪	无氮浸出物	粗灰分	粗纤维
伊乐藻	9.77	2.43	0.49	3.50	1.89	1.46
苦草	4.66	1.02	0.25	1.78	0.92	0.59
轮叶黑藻	7.27	1.42	0.40	2.62	1.67	1.16
菹草	11.29	2.31	0.37	5.87	1.48	1.26

据江苏省渔业技术推广中心调查，伊乐藻长得好的蟹池，虾蟹生长好，病害少，品质佳、饵料系数低。伊乐藻可作为虾蟹的优质青饲料，因其再生能力强，被虾蟹吃掉一部分后能在池塘中很快自然恢复。同时，也是虾蟹栖息、隐蔽和蜕壳的好场所，有助于蜕壳、避敌和保持较好的体色。基于以上因素，95%以上河蟹养殖户均在蟹池中栽种伊乐藻。

4. 生命力强、栽种方便

伊乐藻逢节生根，切段后，撒在水中，每一节均萌发根系，就能生长。其生命力特别强，而且发棵早，生长快，不宜被螃蟹吃光。伊乐藻即使在寒冷的冬天也不会发生腐烂，一年四季保持长青，渔民称其为"长青草"。

5. 水质净化效果好

伊乐藻喜底泥肥的水域，淤泥有机物高的水体中，伊乐藻生长快，植株可长达1.5米以上，营养需求量大，吸肥能力强，所以它的脱氮脱磷作用强。伊乐藻为主的蟹池，水体内浮游植物数量少，透明度大，溶氧高，特别适合于河蟹、青虾生活。

二、伊乐藻的栽培方法

1. 栽前准备

注水施肥、蟹池清晒后，栽培前5~7天，用80目网过滤注水0.2米左右。并根据池塘肥瘦情况，每亩施生物有机肥15~20千克。

2. 栽培

（1）池塘移栽

一般安排蟹种下塘15天前栽种，尽可能早种，栽种区以沟内或塘口深水处为主。栽植时池底留水10~15厘米，移栽可采取茎扦插的方法，数量为10~15千克/亩，株距0.5~0.6米，行距为1.5~2.0米，把草茎切成10~15厘米长，5~10株一束插入泥中3~5厘米即可，待草成活后随草生长逐渐加水，保证池水浸没草头10厘米即可，水不宜加得过快、过猛。也可将池水排干，把伊乐藻草茎直接撒入池中，再用竹枝扫帚将其下端压入泥中，以后逐渐加水。由于伊乐藻生长快，很容易布满全池，因此在移栽时，水草带之间要留出3~4米的空白带，使池塘中形成井字形或十字形的无草区，便于河蟹活动。

（2）网围区移栽

移栽选择在冬季枯水期进行，此时水位浅，便于栽种与成活。可把伊乐藻的草茎切成30~40厘米长，一端用泥裹住，慢慢沉入水中，行距1.5~2.0米；或把草茎切成40~50厘米长，用绳将10~20株绑成一束，用竹竿将插入泥中3~5厘米即可。

3. 养护

（1）调节水位

由于伊乐藻怕高温，因此，生产上可按"春浅、夏满、秋适中"的方法进行水位调节。

（2）适当施无机肥料

伊乐藻喜底泥肥的池塘，故生长旺季3—5月和9—11月，根据水体肥度适当使用追施生物有机肥1.5~2.5千克/亩。

（3）防烂草

伊乐藻喜光照，水体过肥（透明度15~25厘米），水中光照条件差，藻体光合作用弱，下层水草开始腐烂，造成池水透明度更低，从而会造成整个水体水质恶化。如水体过肥，应及时换水，保持适度透明度。

（4）防高温

5月中旬在高温来临前，将伊乐藻草上层部分割掉（俗称"割茬"），根部以上仅留10厘米即可，防止水草腐败，败坏水质。

4. 栽种新技术

在科研中过程中，我们总结出一种蟹池伊乐藻栽种新技术，现介绍给大家：针对伊乐藻的不耐高温的生物学特性，我们总结形成了"前期施肥法"。即在5月上旬前，保持水体透明度在30厘米左右，保证其不死，但生长又受到抑制，到5月上旬开始换水，将透明度逐步提高到40~45厘米。由于前期水质较肥，伊乐藻生长受到抑制，高温时其还处在水温较低的下层，因此不需要"割茬"，既减少用工成本，又达到早期培养生物饵料的目的。这样解决了伊乐藻"度夏"困难的难题，保证蟹池水草覆盖率和水质的稳定，满足河蟹正常生长的要求。如池塘中套养青虾，青虾生长快，成活率高。

第三节 轮叶黑藻栽培技术

轮叶黑藻，俗称竹节温草、温丝草、转转薇等，属水鳖科、黑藻属单子叶多年生沉水植物。茎直立细长，长 50~80 厘米，叶 4~8 片轮生，通常以 4~6 片为多，长 1.5 厘米左右，广泛分布于池塘、湖泊和沟渠中。其茎叶鲜嫩，历来是河蟹、草鱼和团头鲂喜食的优质水草。轮叶黑藻为雌雄异体，花白色、较小、果实呈三角棒形。秋末开始无性生殖，在枝尖形成特化的营养繁殖器官鳞状芽苞，俗称"天果"，根部形成白色的"地果"。冬季天果沉入水底，被泥土污物覆盖，地果入底泥 3~5 厘米，地果较少见。冬季为休眠期，水温 10℃ 以上时，芽苞开始萌发生长，前端生长点顶出其上的沉积物，茎叶见光呈绿色。同时，随着芽苞的伸长在基部叶腋处萌生出不定根，形成新的植株，待植株长成又可以断枝再植。

轮叶黑藻的人工栽培技术：

1. 枝尖插植繁殖

轮叶黑藻属于"假根尖"植物，只有须状不定根，在每年的 4—8 月，处于营养生长阶段，枝尖插植 3 天后就能生根，形成新的植株。

2. 营养体移栽繁殖

一般在谷雨前后，将池塘水排干，留底泥 10~15 厘米，将长至 15 厘米轮叶黑藻切成长 8 厘米左右的段节，每亩按 30~50 千克均匀泼洒，使茎节部分浸入泥中，再将池塘水加至 15 厘米。约 20 天后全池都覆盖着新生的轮叶黑藻，可将水加至 30 厘米，以后逐步加深池水，不使水草露出水面。移植初期应保持水质清新，不能干水，不宜使用化肥。

3. 芽苞的种植

每年的 12 月到翌年 3 月是轮叶黑藻芽苞的播种期，应选择晴天播种，播种前池水加注新水 10 厘米，每亩用种 500~1 000 克，播种时应按行、株距 50 厘米将芽苞 3~5 粒插入泥中，或者拌泥沙撒播。当水温升至 15℃时，5~10 天开始发芽，出苗率可达 95%。以后，随着水草生长，慢慢加深水位，3~5 天加水一次，每次加水 2~3 厘米。

芽苞的选择：芽苞长 1~1.2 厘米，直径 0.4~0.5 厘米，7 000~8 000 粒/千克，芽苞粒硬饱满，呈葱绿色。

4. 整株的种植

在每年的 3—4 月，天然水域中的轮叶黑藻已长成，可以将整株切成 20 厘米左右植株进行插栽，栽种丛距横 2.5 米、竖 3 米，栽种在浅水区，每亩栽种轮叶黑藻植株 50~100 千克，占整个水草比例 30%左右为佳。不管采用哪种方式，播种前需用网将栽种区与河蟹暂养区隔开，待萌发长成、水草满塘时，撤掉围栏设施，让河蟹进入草丛。

养殖中后期如蟹池中水草不足，每亩可一次放草 200~500 千克，一部分被蟹直接摄食，一部分生须根着泥存活。

5. 杀虫

4 月，轮叶黑藻长至 20 厘米后，晴天用 30~40 毫升/亩含量 1%的阿维菌素，稀释后全池泼洒，杀灭水中卷叶虫，20~30 天后，再杀一次。

第四节 苦草栽培技术

苦草俗称面条草、水韭菜、扁担草，叶丛生，扁带状，长 30~50 厘米，深绿色，前端钝圆，基部乳白色。生长时以匍匐茎在水底蔓延，雌雄异株。雄花形成总状花序，花序柄长 1~8 厘米，着生于植物体基部；雄花成熟后，花苞裂开，雄花离花轴浮于水面，由水流授粉。雌花具细长而卷曲花柄，其长度依生长的水深而定；雌花成熟时，它们浮于水面。雌蕊 1 枚，具 3 个柱头；子房下位，长 10~15 厘米。内含大量胚珠。受精后，花柄卷曲成螺纹状，将果实沉入水中。成熟时果实长 5~15 厘米，其内紧密横排大量籽实体。

蟹池种植苦草，既能为河蟹生长提供天然饵料，又能有效的改善养殖水质，还可以为河蟹生长、脱壳提供良好的隐蔽环境。

苦草的栽培技术如下：

1. 池塘准备

要求池深 1.2~1.5 米，池底平坦，淤泥厚度小于 20 厘米。用网目密、宽度为 1.5 米的网片围起来，形成水草养护区，将草与蟹暂时隔离，用于保护后栽种的水草。

2. 草籽播种

4 月中旬，水温回升至 15℃ 以上时即可播种，每亩播种苦草籽（纯黑子）50~100 克。如用包衣干种每亩用量 1 千克左右，选择晴天曝晒包衣干种 1~2 天，然后用水浸种 24 小时，捞出后搓出果实内的种子。并清洗掉种子上的黏液，再用半干半湿的细土或细沙拌种全池撒播。搓揉后的果实中还有很多种子未搓出，也撒入池中。播种时保持水草栽培围网区水深 5~10 厘米。

3. 水草养护

水温18~22℃，种子须4~5天开始发芽，至15天时出苗率超过98%。苦草在水底分布蔓延的速度很快。为促进苦草分蘖，抑制叶片营养生长，苦草播种区6月中旬以前水位应控制在20厘米以下，6月下旬水位加至40~50厘米。6月底至7月初，撤除暂养围网。逐步将水位加至70~80厘米，苦草喜高温，7—8月进入生长旺期，如太密需用割刀割出2~3米通道。及时捞掉被河蟹夹断的苦草，以免败坏水质。

4. 苦草栽种新技术

苦草根部的白茎河蟹喜食，夹断白茎后大量的叶子上浮，由于河蟹不食苦草叶子，易造成水质败坏，养殖户对苦草既爱又怕。为解决这一问题，我们摸索一套苦草"育苗栽种法"，具体的方法为：将苦草种用水稻育秧法培育苦草秧苗，再在需要栽种区域栽种，这一方法避免苦草播种根茎扎泥浅，养殖中后期被河蟹大量夹断现象，但由于此法劳动量较大，只适合小面积栽种。

参考文献

敖礼林，王绍昱，况小平. 2009. 河蟹的科学暂养和装运技术. 渔业致富指南（16）：27-28.

陈国海. 2009. 河蟹和小龙虾套养高产高效技术. 上海农业科技（1）：69-70.

成永旭，王武，李应森. 2007. 河蟹的人工繁殖和育苗技术. 水产科技情报，34（2）：73-75.

耿英慧. 2010. 河蟹养殖过程中水草死亡常见原因及对策. 渔业致富指南（14）：44-46.

季东升. 2004. 河蟹人工育苗过程中水处理与病害防治. 齐鲁渔业，21（3）：42.

李晓红. 2007. 河蟹大眼幼体鉴别运输及养殖技术. 农村实用技术（7）：55.

林长虹. 2009. 河蟹养殖池中伊乐藻的养护. 渔业致富指南（16）：33-34.

卢凌霄，吕超，陈加. 2007. 江苏省河蟹产业发展研究. 水产科技（6）：31-35.

钱国英，朱秋华. 1999. 中华绒螯蟹配合饲料中蛋白质、脂肪、纤维素的适宜含量. 中国水产科
　　学，6（3）：61-65.

沙开胜. 2010. 河蟹病害发生的原因与对策. 中国水产，31（5）：57.

唐八一，徐月清. 2009. 提高河蟹养殖效益的方法与途径. 中国水产（6）：78-79.

陶尚春. 2010. 河蟹的脱壳与生长. 科学养鱼（8）：78.

王荣林，周玉庆. 2007. 蟹池青苔生物生态综合防治技术. 中国水产（6）：42.

吴霆，华伯仙，顾伟，等. 2010. 中华绒螯蟹颤抖病诊断与防治技术. 畜牧与饲料科学（8）：
　　59-61

肖光明，邓云波. 2005. 淡水蟹虾养殖. 长沙：湖南科学技术出版社.

薛晖，刘丽平，丁正峰，等. 2008. 蟹虾鳖龟蛙病害防治路路通. 南京：江苏科学技术出版社.

严爱平. 2007. 蟹池中常见水草的种植与管理技术. 科学养鱼（1）：34-35.

杨峰. 2008. 修复河蟹生态养殖环境的"三十二字经". 中国水产（9）：36-39.

杨维龙，张关海. 2005. 河蟹生产现状与可持续发展的思考. 淡水渔业（2）：62-64.

殷祝东. 2004. 南方河蟹苗种培育及稻田养殖技术初探. 科学养鱼（1）：26-27.

张兵. 2008. 稻田生态养殖大规格河蟹实用技术. 北方水稻，38（3）：117-118.

张列士，李军. 2002. 河蟹增养殖技术. 北京：金盾出版社.

赵春民，滕淑芹，袁春营. 2007. 天然海水池塘生态培育河蟹苗关键技术. 水利渔业，27（2）：29-30.

赵乃刚，申德林，王怡平. 1997. 河蟹增养殖新技术. 北京：中国农业出版社.

周初霞，罗莉. 2005. 河蟹的营养需要. 江西饲料（2）：20-23.

周刚，朱清顺. 2005. 无公害河蟹养殖技术. 科学养鱼（1-3）：14-15.

周来根，张菊妹，周鑫. 2007. 河蟹养殖池中青苔的控制方法. 科学养鱼（8）：56.

周日东，王松刚，张风翔. 2016. 河蟹水瘪子病的发生与应急措施. 科学养鱼（4）：92.

朱明. 2003. 河蟹人工育苗的水质控制方法. 中国水产（12）：58-59.

朱清顺. 2002. 无公害河蟹养殖技术. 昆明：云南科技出版社.